I0033943

POLITECNICO DI BARI

I FACOLTA' DI INGEGNERIA

CORSO DI LAUREA IN INGEGNERIA MECCANICA

Dipartimento di Ingegneria Meccanica e Gestionale

TESI DI LAUREA

in

OLEODINAMICA

MISURE IN TRANSITORIO DI VELOCITA' SU MOTORI IDRAULICI

Relatori:

Chiar.mo Prof. Ing. Antonio LIPPOLIS

Chiar.mo Prof. Ing. Riccardo AMIRANTE

Chiar.mo Ing. Angelo INNONE

Laureando:

Ignazio ZINFOLLINO

ANNO ACCADEMICO 2007 - 2008

" 'Populus me sibilat, at mihi plaudo ipse domi simul ac nummos contemplar in arca.' "

("A study in scarlet", by A.C. DOYLE)

ISBN: 978-1-4477-5746-7

Anno del copyright: 2011
Nota del copyright: di Ignazio Zinfollino. Tutti i diritti riservati.
Le informazioni di cui sopra costituiscono questa nota del copyright: © *2011 di Ignazio Zinfollino. Tutti i diritti riservati.*

INDICE

INTRODUZIONE

L'oleodinamica è la branca dell'ingegneria meccanica che si occupa dello studio della trasmissione dell'energia tramite fluidi in pressione, in particolare l'olio idraulico.

La portata d'olio generata da una pompa all'interno di un circuito oleodinamico viene utilizzata per muovere un pistone di un cilindro o un motore idraulico a seconda che l'effetto meccanico desiderato (forza o movimento) sia lineare o rotatorio. Un classico attuatore lineare oleodinamico è il cilindro, costituito da una camicia in cui scorre un pistone, il quale spinge uno stelo che esplica il moto. Per il moto rotatorio basti pensare alle ruote delle macchine movimento terra come gli escavatori o grandi trattori agricoli, oppure pensare agli argani per issare le reti dei pescherecci dove servono coppie elevate e solitamente velocità angolari modeste.

Il settore oleodinamico è in forte espansione a livello mondiale grazie alla sua grande capacità di gestire grandi potenze tramite componentistica di dimensioni e pesi ridotti rispetto a tecnologie alternative. L'Italia occupa un ruolo di punta nel mercato europeo ed è tra i primi 5 produttori mondiali di componenti oleodinamici.

Per quanto attiene alle trasmissioni idrostatiche, nella loro progettazione difficilmente si è tenuto conto delle fasi di transitorio, in particolar modo all'arresto della trasmissione.

Obiettivo di questo lavoro è analizzare nel transitorio, post-elaborando in Excel l'acquisizione dati effettuata col software di interfaccia LabView, il verso di rotazione del motore idraulico e quantificare, in gradi sessagesimali, le rotazioni che l'albero motore subisce.

Il pannello di controllo è realizzato col software "LabView" (programma della National Instruments) . L' interfaccia tra la trasmissione idrostatica e il software implementato su un PC è costituito da un sistema di acquisizione dati montato sul PC stesso.

Il PC agisce elettronicamente su due quadri elettrici principali: uno di potenza e un altro, dotato di una morsettiera, a cui giungono i segnali elettrici delle grandezze che si vuol misurare. Il sistema di comando è costituito da due schede: una ANALOGICA e l'altra DIGITALE.

La scheda Analogica acquisisce, tramite due basette terminali, i parametri caratteristici di una trasmissione idrostatica: numero di giri, coppia e verso di rotazione del motore idraulico, pressioni sul circuito di potenza, numero di giri del motore primo (elettrico) di comando e quindi della pompa.

La scheda Digitale, invece, è costituita da ingresso (INPUT) e uscita (OUTPUT) separati tramite due basette terminali: la prima segnala situazioni di tipo ON/OFF, come ad esempio il raggiungimento del fine corsa superiore o inferiore della cilindrata della pompa, in fase di regolazione. La seconda, tramite comando da PC, consente di effettuare operazioni utili al funzionamento, in fase di regolazione, dei vari componenti della trasmissione idrostatica (vedi la variazione della cilindrata della pompa e l'ON/OFF del motore primo - elettrico - di comando).

Vengono presentati inoltre i risultati delle prove sperimentali eseguite sul banco prova presso l'Istituto di Macchine ed Energetica del Politecnico di Bari, con lo scopo di evidenziare l'importanza di fenomeni innescati dai transitori.

CAPITOLO 1

TRASMISSIONI IDROSTATICHE

1.1 Generalità

La potenza di un motore può essere trasmessa agli organi utilizzatori mediante liquidi, come gli oli minerali, che convogliati da opportuni circuiti, adattano la coppia, la potenza e la velocità angolare alle condizioni di impiego richieste dall'utilizzatore:

TRASMISSIONI IDROSTATICHE: la trasmissione di potenza avviene principalmente mediante l'azione statica legata alla variazione di pressione del fluido sulle pareti mobili della macchine;

TRASMISSIONI IDRODINAMICHE: la trasmissione di potenza è basata principalmente sulla variazione di velocità del fluido.

I fluidi di lavoro per le trasmissioni idrauliche devono essere scelti in base alle loro caratteristiche: densità, conduttività termica, solubilità in altri liquidi e in aria, compatibilità con i materiali, potere lubrificante, ect.

La proprietà più importante è la viscosità che deve essere tenuta bassa per favorire il riempimento della pompa, per ridurre le perdite di carico nelle tubazioni e nelle macchine, ma non troppo altrimenti si rischia una insufficiente lubrificazione.

E' necessario sottolineare che la viscosità dei liquidi può essere notevolmente influenzata dalla temperatura di esercizio. In genere si utilizzano oli minerali derivati dalla lavorazione del petrolio. A basse temperature si utilizzando oli leggeri con punto di congelamento basso (<-60°C) e viscosità modesta ($14mm^2/s$). A media temperatura si usano oli con viscosità cinematica di circa $40mm^2/s$ e densità $0.87kg/m^3$.

Rispetto alla trasmissioni meccaniche, le trasmissioni idrostatiche o oleostatiche possono avere rendimenti superiori e costi notevolmente inferiori, oltre ai seguenti vantaggi:

• facile regolazione;

• transitori rapidi;

• ingombro limitato;

• semplicità di manutenzione e maggiore durata.

Le trasmissioni idrostatiche sono composte da tre elementi:

1) pompa volumetrica;

2) linea di trasmissione;

3) attuatore (motore idraulico);

Le trasmissioni idrostatiche sono costituite da una pompa connessa ad un motore idraulico. Per controllare la cilindrata della pompa e del motore si utilizza un disco inclinato (detto "swash plate"). Aumentando l'angolo di inclinazione del disco si aumenta la cilindrata del motore e/o della pompa.

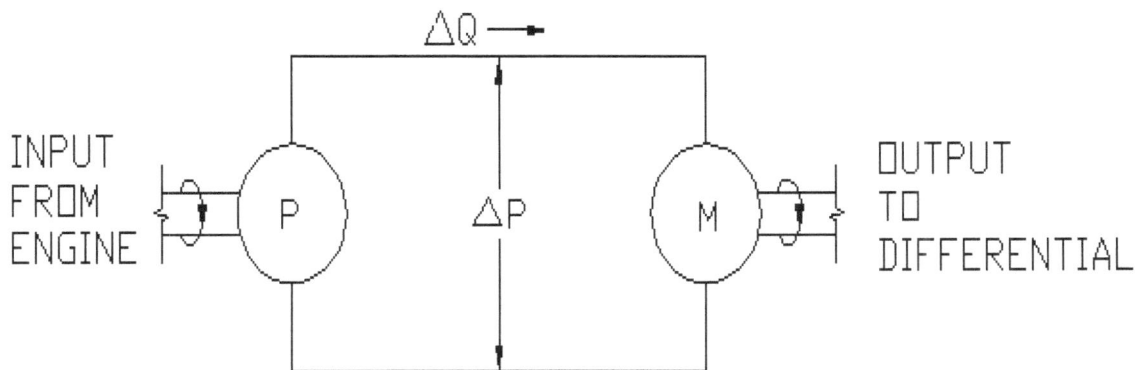

Figura 1: schema di trasmissione idrostatica a circuito chiuso. ΔQ è la portata erogata dalla pompa, Δp è il salto di pressione tra monte e valle del motore idraulico.

La potenza massima trasmissibile idrostaticamente dipende:

- dalla portata di olio, e quindi dalla cilindrata della pompa;

- dalla pressione di lavoro dei componenti.

E' pure evidente che l'utilizzo di una trasmissione sovradimensionata per trasmettere piccole potenze non è conveniente dal punto di vista economico ed energetico.

In figura 2 è illustrato un tipico esempio di pompa oleodinamica a piatto inclinato in cui è visibile chiaramente la presenza dei cilindretti metallici che ruotano sull'albero principale a cui è collegato il motore elettrico.

Figura 2: pompa oleodinamica a piatto inclinato (in basso a destra è visibile il braccetto per la variazione dell'angolo di inclinazione del piatto).

Il lato pompa e il lato motore (si intende idraulico) di una trasmissione idrostatica sono ben visibili in figura 3 e 4. Le pompe (o motori) a piatto inclinato vengono di solito adoperate per raggiungere grandi salti di pressione all'interno di un circuito oleodinamico.

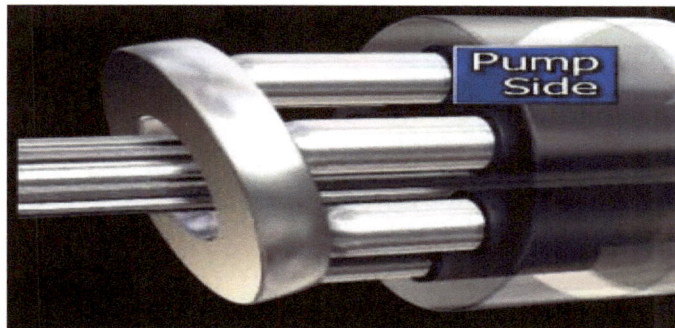

Figura 3: lato pompa di una trasmissione idrostatica.

Come si può notare dalla figura 4, sul cilindretto colorato in rosso giunge olio in alta pressione proveniente dalla pompa, mentre sul cilindretto colorato in verde olio in bassa pressione scaricato dal motore idraulico.

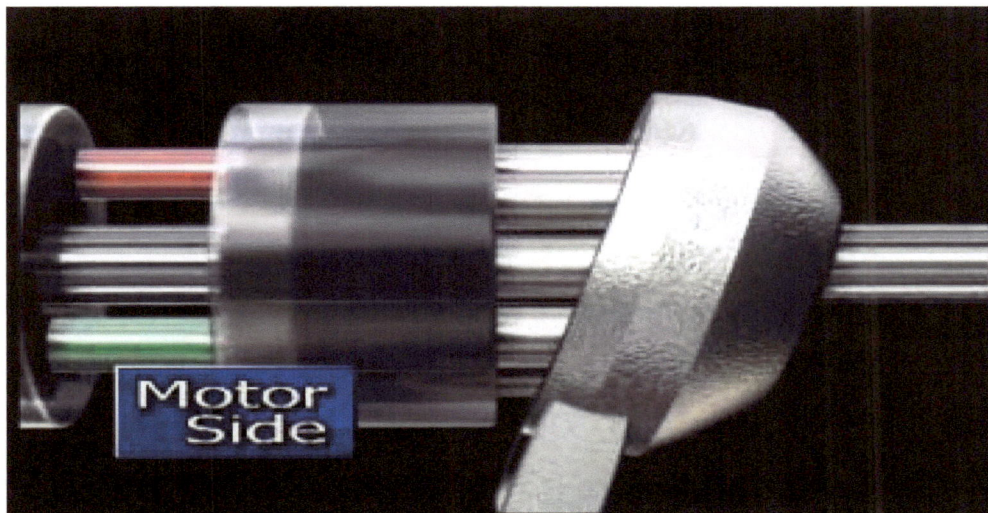

Figura 4: lato motore di una trasmissione idrostatica.

Una trasmissione idrostatica (T.I.) è un sistema composto da due unità idrostatiche rotative: la pompa che converte l'energia meccanica in energia idraulica e il motore che converte l'energia idraulica nuovamente in energia meccanica.

Gli obiettivi di tale trasformazione di energia sono:

• variare con continuità la coppia e la velocità angolare secondo le esigenze del carico, svincolando l'utilizzatore dalle condizioni operative del motore primo. Una T.I. realizza così una variazione continua del rapporto delle coppie e delle velocità;

• trasmettere la potenza tra due alberi posti a notevole distanza fra loro.

La più semplice T.I. è quella a circuito aperto fra due unità idrostatiche collegate come in fig.5.

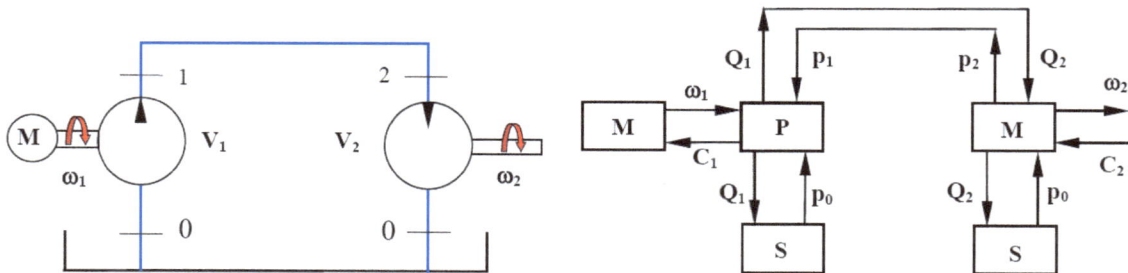

Figura 5: trasmissione idrostatica a ciclo aperto e diagramma di flusso; M= motore primo di comando a sinistra e idraulico a destra; P= pompa; S= serbatoio.

Per le due unità idrostatiche valgono le seguenti relazioni ideali fra le grandezze caratteristiche per la pompa (1^ coppia di equazioni) e per il motore (2^ coppia di equazioni):

$$Q_1 = \omega_1 * V_1 \qquad (1.1)$$

$$C_1 = (p_1 - p_0) * V_1 \qquad (1.2)$$

$$Q_2 = \omega_2 * V_2 \qquad (1.3)$$

$$C_2 = (p_2 - p_0) * V_2 \qquad (1.4)$$

Avendo indicato con Q la portata volumetrica in $\frac{m^3}{s}$, ω la velocità angolare in $\frac{rad}{s}$, V la cilindrata in m³, p la pressione in $\frac{N}{m^2}$. I pedici 1 e 2 si riferiscono rispettivamente alla pompa e al motore, mentre per quanto riguarda le pressioni 0,1 e 2 rappresentano pressione atmosferica, di mandata della pompa e di aspirazione del motore idraulico, rispettivamente.

Se si ipotizza un accoppiamento in portata $Q_1=Q_2$ e in pressione $(p_1-p_0)=(p_2-p_0)$ fra le due unità si ricava facilmente che il rapporto di trasmissione ν e quello di conversione di coppia τ sono pari, rispettivamente:

$$\nu = \frac{1}{\omega_1}\omega_2 = \frac{V_1}{V_2} \qquad (1.5)$$

$$\tau = \frac{C_2}{C_1} = \frac{V_2}{V_1} \qquad (1.6)$$

Dalla *(1.5)* e *(1.6)* si deduce facilmente che tra rapporto di trasmissione e quello di conversione della coppia sussiste la seguente relazione *(1.7)*:

$$\tau = \frac{1}{\nu} \qquad (1.7)$$

Da queste formule si nota che pur esistendo una proporzionalità diretta fra le coppie e le velocità angolari del primario e del secondario, non sono possibili variazioni del loro rapporto una volta fissato il valore delle cilindrate. Inoltre per l'idealità dei componenti si verifica un accoppiamento delle unità sia nella portata sia nella pressione.

Se si desidera ottenere l'inversione del senso di rotazione del secondario, per una T.I. a ciclo aperto occorre inserire un distributore come schematizzato in figura 6. Si può tuttavia notare che il motore non è in grado di far fronte a carichi trascinati se non si introducono dei componenti specifici, quali la valvola limitatrice di pressione posta alla mandata della pompa a sinistra e il distributore 2/2 a comando manuale per l'inversione dei condotti di mandata e aspirazione del motore idraulico sulla destra.

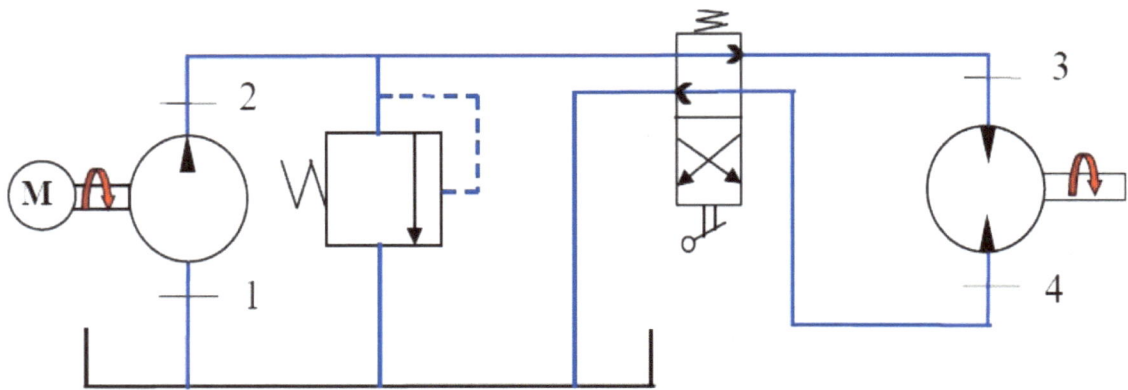

Figura 6: trasmissione idrostatica a ciclo aperto con distributore per l'inversione del moto.

Nella configurazione a circuito chiuso (cfr. fig. 7) invece, è sufficiente invertire il senso di rotazione dell'albero della pompa, su cui è calettato il motore elettrico M, per ottenere l'inversione del senso di rotazione del secondario.

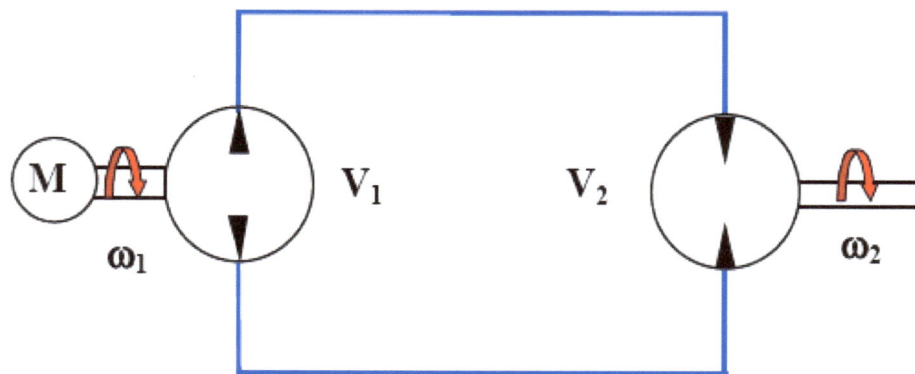

Figura 7: trasmissione idrostatica a ciclo chiuso.

Al crescere della velocità di rotazione della pompa crescono le probabilità di cavitazione della pompa perché aumentano le perdite di carico del tratto aspirante. Il fenomeno si presenta anche per le pompe a cilindrata variabile soprattutto quando la cilindrata aumenta rapidamente. Con gli impianti a circuito aperto il problema si risolve inserendo una pompa di sovralimentazione (indicata con P.S. in figura 8) in serie con la pompa principale (indicata con P.P. in figura 8) cfr. fig. 8.

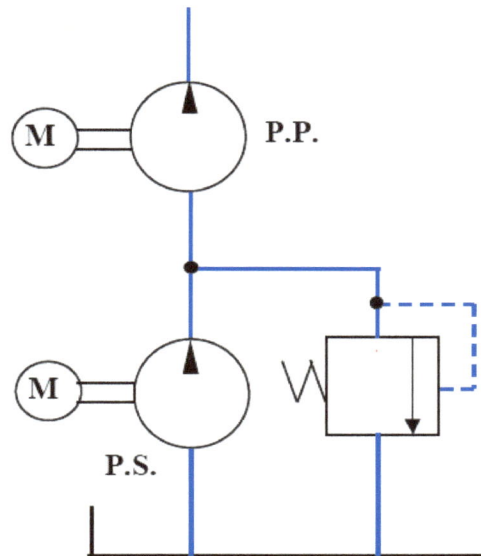

Figura 8: pompe in serie per evitare la cavitazione.

E' necessario che la portata elaborata dalla pompa di sovralimentazione P.S. sia maggiore di quella della pompa principale P.P. per evitare che il problema della cavitazione sia semplicemente trasferito dalla pompa P.P. a quella P.S. La necessità di una pompa P.S. a flusso totale costituisce uno svantaggio rispetto alla T.I. a circuito chiuso. Infatti, oltre a dover impiegare una pompa P.S. delle stesse dimensioni di quella P.P., la portata in eccesso deve essere smaltita verso il serbatoio dalla valvola limitatrice di pressione (visibile sulla destra della suddetta figura) per stabilizzare la pressione all'aspirazione della pompa P.P. al valore desiderato.

Anche nella trasmissione a circuito chiuso occorre introdurre una pompa P.S. che può essere collegata sullo stesso albero della pompa P.P. e che invia portata verso il ramo di bassa pressione del circuito secondo lo schema di figura 9.

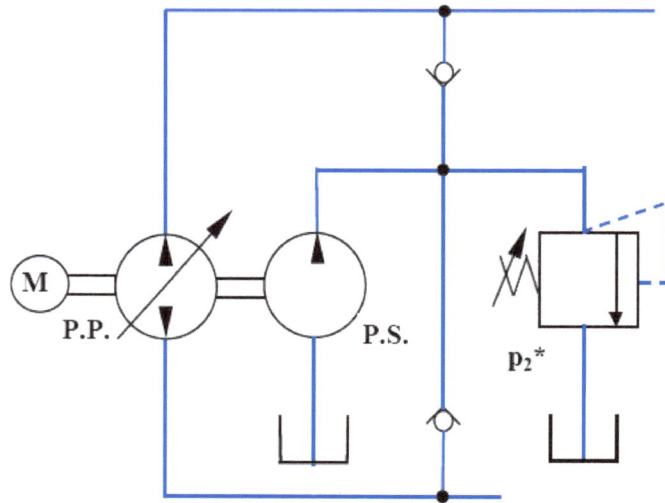

Figura 9: pompa di sovralimentazione nel circuito chiuso.

La P.S. deve solo pressurizzare la linea di bassa pressione portandola al valore p_2^* stabilito dalla valvola limitatrice di pressione e può elaborare una portata molto minore di quella erogata dalla P.P. Infatti la cilindrata della pompa P.S. è in genere $10\% \div 15\%$ della pompa P.P.

Per i circuiti aperti il carico determina la pressione all'ammissione del motore, ma se il carico è trascinato si osserva la perdita del controllo del sistema.

Nel caso dei circuiti chiusi, invece, il motore è in grado di funzionare da pompa pressurizzando il ramo di bassa pressione. In questo modo la pompa che vede in pressione l'aspirazione e in depressione la mandata, funziona come motore e trasmette potenza al motore primo. Se questi ha capacità frenanti il sistema si comporta da freno [6].

1.2 Studio nei transitori di avvio e di arresto

Lo studio delle trasmissioni idrostatiche è stato, in passato, affrontato quasi esclusivamente con metodi stazionari e raramente si è analizzato il funzionamento di tali trasmissioni nelle fasi di transitorio, che rappresentano ancor oggi un aspetto poco studiato.

Peraltro le sollecitazioni di pressione nel transitorio sono spesso causa di rotture inattese, come per esempio avviene nei verricelli atti al sollevamento dei carichi sospesi. Di fatto, in seguito ai bruschi arresti imposti al moto del tamburo, si verificano rotture improvvise delle tubazioni o in alcuni casi delle macchine.

Stesso tipo di problema si verifica spesso nei motori idraulici che in seguito a brusche interruzioni di funzionamento dell'albero motore, si evidenziano scatti improvvisi e aventi determinate rotazioni angolari che, in alcuni casi, potrebbero essere indesiderate [3].

Tali eventi, data l'estrema rapidità, non sono rilevabili con strumentazioni tradizionali, e pertanto, spesso sono stati trascurati. Inoltre, attualmente si tende a far lavorare le trasmissioni a pressioni elevatissime di esercizio, imponendo treni di impulsi di ampiezza altrettanto elevata.

Diventa fondamentale, in tali condizioni di funzionamento irregolare, una approfondita conoscenza degli effetti della comprimibilità dell'olio e della dilatabilità dei condotti [2].

Si è cercato di capire, anche, rispetto alle rilevazioni e studi precedenti, di quanto l'albero del motore idraulico ruotasse, esprimendo tale quantità in gradi sessagesimali, e in che verso, ossia orario o antiorario.

Sono stati predisposti due punti di misura della pressione a valle e a monte del motore idraulico, un misuratore della portata volumetrica, G, ad ingranaggi, a valle di uno dei trasduttori, e un distributore comandato elettronicamente.

Inoltre, sull'albero del motore idraulico è collegato, con un giunto elastico, il freno a correnti parassite a carcassa oscillante dal quale è possibile misurare direttamente il valore della coppia motrice e del numero di giri, e un encoder incrementale in grado di misurare non solo il numero di giri, ma anche il verso di rotazione.

Il distributore 4/3 in base alla posizione di funzionamento, può escludere il motore idraulico dal circuito, mettendo in ricircolo l'olio proveniente dalla pompa (POSIZIONE DI RIPOSO), oppure può connettere la mandata della pompa con l'adduzione superiore del motore idraulico (POSIZIONE DI ECCITAMENTO A) o anche con l'adduzione inferiore dello stesso motore, determinando l'inversione del senso di rotazione dell'albero motore (POSIZIONE DI ECCITAMENTO B).

Inoltre il connettore è provvisto di un circuito che elimina i disturbi elettrici dovuti alla diseccitazione dei carichi induttivi.

Le grandezze controllate sono state la pressione in ingresso ed uscita dal motore idraulico, conseguente verso di rotazione e stima della posizione angolare istantaneamente assunta dal suo albero, e il suo numero di giri.

Le prove sono state condotte avviando la pompa con il distributore posto nella condizione di riposo e quindi con la portata di olio che non attraversa il motore idraulico (che resta quindi fermo).

Si analizza ora in dettaglio cosa avviene in una generica fase di transitorio di avvio del motore idraulico, nel ramo *A* di alta pressione, in posizione superiore in fig. 9.1.

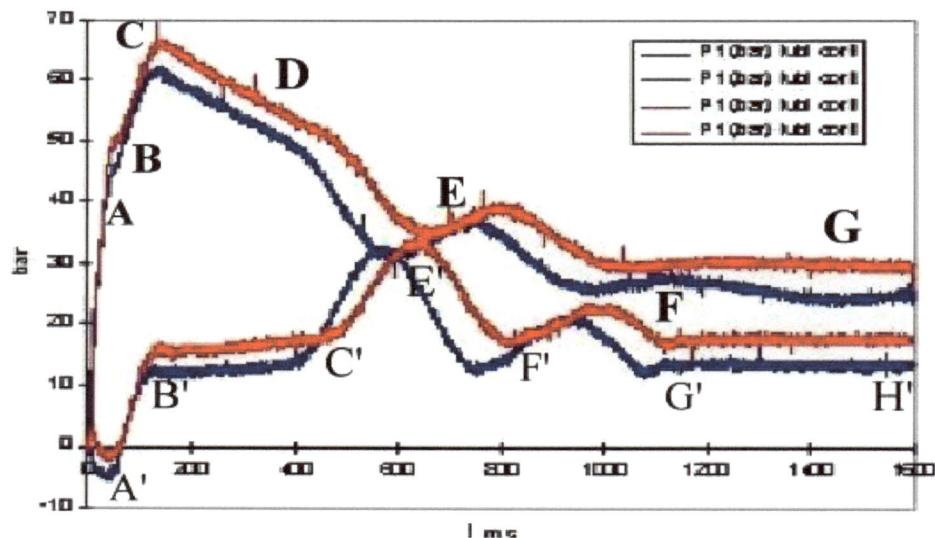

Figura 9.1: andamento delle pressioni in fase di avvio improvviso del motore idraulico-freno.

Si ricorda che con *C* si indica la coppia, in *N*m*, *n* il regime di rotazione, in $\frac{giri}{\min}$ o rpm, con *Q*

la portata volumetrica, in $\frac{m^3}{s}$, con *p* la pressione in atm, e i pedici *1* e *2* indicano il lato di

scarico/mandata del motore/pompa e lato aspirazione/mandata del motore/pompa, con η_M, η_Y, η_v, i rendimenti meccanico, idraulico e volumetrico, rispettivamente [6].

- Nel **tratto 0A** (cfr. fig. 9.1) il motore idraulico è ancora fermo poiché non ha ricevuto una coppia ancorché sufficiente per potersi avviare, e viceversa, la pompa sta mandando olio verso il motore idraulico.

E' chiaro, quindi, che la pressione nel ramo di alta pressione deve salire, proprio per effetto della comprimibilità, seppur piccola, dell'olio.

L'olio mandato dalla pompa e che non viene smaltito dal motore perché è ancora fermo, si accumula nel condotto di alta pressione . La pressione nel ramo di ALTA cresce secondo la legge *(1.8)*:

$$\frac{\Delta V}{V} = - \frac{\Delta p}{E} \qquad (1.8)$$

ove il ΔV è la quantità di olio mandata dalla pompa e che serve a compensare la riduzione di volume dell'olio che era presente già all'interno del condotto di alta pressione.

A tale ΔV, corrisponderà una variazione di pressione, in $\frac{N}{m^2}$, del tipo [1]:

$$\Delta p = - \frac{\Delta V}{V} * E \qquad (1.9)$$

ove ΔV = PORTATA DELLA POMPA * t = Q_p * t, in cui t è la durata in sec del transitorio, E è il modulo di elasticità lineare dell'olio idraulico, in $\frac{N}{m^2}$, mentre V è il volume iniziale di olio considerato, in m^3.

Allora anche Δp è proporzionale al tempo, ossia il tratto **0A** è quasi lineare (anche se è difficile valutare la linearità di tale tratto).

- Nel **tratto AB** (cfr. fig. 9.1) il motore si avvia e compare un tratto di caduta di pressione. Qui avviene il cambiamento delle forze d'attrito che da statiche diventano dinamiche, a causa del ben noto fenomeno che fintanto qualcosa è ferma ci vorrà una forza superiore a farla accelerare rispetto alla condizione di moto nullo.

Poiché le forze d'attrito diminuiscono, la coppia (e quindi il salto di pressione *Δp*) per poter ruotare l'albero del motore idraulico si abbassa e il motore accelera.

- Nel **tratto BC** (cfr. fig. 9.1) il motore continua a girare ancora lentamente rispetto alla velocità che esso assumerebbe in base alla portata che la pompa sta erogando e quindi la pressione riprende a salire fino a raggiungere il punto di massimo in cui [1]:

$$\textit{\textbf{PUNTO DI MAX}} \rightarrow \quad \textbf{\textit{Q}}_{POMPA} = \textbf{\textit{Q}}_{MOTORE} \qquad (1.10)$$

La pressione non aumenta più.

E' da notare come la differenza di pressione tra la curva in rosso superiore (corrispondente al ramo di alta pressione) e quella in rosso inferiore (corrispondente al ramo di bassa pressione), durante il **TRANSITORIO**, sia ben maggiore che durante lo **STAZIONARIO**.

Infatti a stazionario si ha che [1]:

$$C_{MOTORE} = C_{UTILIZZATORE} = V_{MOTORE} * \frac{1}{2\pi} (p_2 - p_1) * \eta_{M, MOTORE} * \eta_{Y, MOTORE} \qquad (1.11)$$

Ove $\eta_{M, MOTORE} * \eta_{Y, MOTORE}$ rappresenta il prodotto del rendimento meccanico con quello idraulico del motore e $p_2 - p_1$ è il salto di pressione al motore e V_{MOTORE} è la sua cilindrata.

Per cui anche la coppia al motore è maggiore a transitorio che a regime stazionario.

- Nel **tratto CD** (cfr. fig. 9.1) il motore, erogando una coppia molto grande continua ad accelerare. Per cui si è in una situazione nella quale [1]:

$$C_{MOTORE} - C_{UTILIZZATORE} = I * \frac{d\omega}{dt} \qquad (1.12)$$

Ove I, in N*m*s, è l'inerzia del motore idraulico (o utilizzatore) e ω, in $\frac{rad}{s}$, è la velocità angolare del motore .

Poiché la coppia motrice C_{MOTORE} è più grande della coppia resistente $C_{UTILIZZATORE}$, il sistema continua ad accelerare e, quindi, aumenta il termine $\frac{d\omega}{dt}$.

Il motore, in tali condizioni, accelera più di quanto lo possa fare in condizioni stazionarie, perciò smaltisce una portata ben maggiore di quella che la pompa gli eroga. La pressione, di conseguenza, si abbassa.

E' possibile riscontrare, anche, che la pressione si abbassa fino a un valore al di sotto di quello che si ha nel ramo di aspirazione della pompa. Il motore gira troppo velocemente rispetto allo **STAZIONARIO.**

- Nel **tratto DE** (cfr. fig. 9.1) il motore rallenta e la pressione, in corrispondenza, continua a salire.

- Nel **tratto EF** (cfr. fig. 9.1) ci sono delle oscillazioni che vedono il motore rallentare e poi accelerare con un numero di giri diverso rispetto al valore in stazionario ed è dato da:

$$n_{MOTORE} = \frac{1}{V_{MOTORE}} * V_{POMPA} * \eta_{v, MOTORE} * \eta_{v, POMPA} \qquad (1.13)$$

Anche la pressione oscilla rispetto al valore di stazionario.

- Nel **tratto FG** (cfr. fig. 9.1) la velocità di rotazione e la pressione del motore idraulico si sono oramai stabilizzati a valori stazionari.

Si analizza ora in dettaglio cosa avviene nella fase di transitorio di avvio del motore idraulico, nel ramo *B* di bassa pressione, rappresentata in posizione inferiore in fig. 9.1.

- Nel **tratto 0A'** la pressione crolla perché il motore è fermo e non scarica olio, mentre la pompa aspira olio. Nel ramo di bassa pressione la portata d'olio diminuisce e la pressione dovrà scendere. La pompa di sovralimentazione va proprio a reintegrare la quantità di olio in difetto nel ramo di bassa pressione.

Infatti in questa situazione si ha che [1]:

$$Q_{MOTORE} = 0 \qquad\qquad (1.14)$$

$$Q_{POMPA} = V_{POMPA} * n_{POMPA} * \eta_{v, POMPA} \qquad (1.15)$$

$$Q_{POMPA\ SOVRAL.} = V_{POMPA-SV} * n_{POMPA-SV} * \eta_{v, POMPA-SV} \quad (1.16)$$

Affinché, quindi, la pompa di sovralimentazione sia in grado di reintegrare la portata persa dalla pompa principale durante l'aspirazione, la sua cilindrata dovrebbe essere superiore rispetto a quella della pompa principale.

A nostra disposizione, però, abbiamo una pompa di sovralimentazione di 12 cm^3 e una pompa principale di 46 cm^3. La pressione nel tratto 0A' dovrà scendere, e in alcuni casi arriva al di sotto della p $_{atmosferica}$.

- Nel **tratto A'B'** il motore si avvia e inizia a scaricare la portata nel ramo di bassa pressione perciò $Q_{motore} > 0$. Sarà la pompa di sovralimentazione a reintegrare la differenza di portata tra la PORTATA EROGATA DALLA POMPA PRINCIPALE e quella del MOTORE IDRAULICO.

La pressione tenderà di nuovo a salire fino a raggiungere il punto dove viene raggiunta la pressione di taratura della valvola limitatrice di pressione posta sul circuito di sovralimentazione. Si è perciò riscontrato nel tratto A'B' come il ramo di bassa pressione sia andato in depressione e in questo lasso di tempo la valvola limitatrice di pressione rimanesse chiusa . In tali condizioni tutto l'olio erogato dalla pompa di sovralimentazione va a reintegrare quella parte d'olio mancante nel ramo di bassa pressione.

Se si apre la valvola limitatrice di pressione posta sul circuito di sovralimentazione, la pompa di sovralimentazione sta erogando più portata di quanta ne occorrerebbe nel ramo di bassa pressione: parte di essa si scaricherà attraverso la valvola limitatrice di pressione posta sul circuito di sovralimentazione e parte va a reintegrarsi nel ramo di bassa pressione.

- Nel **tratto B'C'** la pressione resta costante;

- Nel **tratto C'D'** ricordando che la portata aspirata dalla pompa è [1]:

$$Q_{POMPA,aspir.} = V_{POMPA} * n_{POMPA} \quad trascurando\ l'\ \eta_{v,pompa} \quad (1.17)$$

di essa, non tutta va alla mandata, perché parte va a finire nei giochi inevitabilmente presenti nella pompa, nel corpo pompa e attraverso i condotti di trafilamento verso il serbatoio. Quindi [1]:

$$Q_{POMPA,mand.} = V_{POMPA} * n_{POMPA} * \eta_{v,\ POMPA} \quad (1.18)$$

Lo stesso discorso vale per il motore idraulico:

$$Q_{MOTORE,aspir.} = V_{MOTORE} * n_{MOTORE} * \frac{1}{\eta_{v\ MOTORE}} \quad (1.19)$$

$$Q_{MOTORE,scaric.} = V_{MOTORE} * n_{MOTORE} \quad trascurando\ l'\ \eta_{v,motore} \quad (1.20)$$

Da ciò si deduce che la portata aspirata dal motore è maggiore di quella scaricata dallo stesso. Nel ricavare tale equazione , però, si è imposto che la portata erogata dalla pompa, in mandata, sia uguale a quella aspirata dal motore idraulico. Per cui poi la portata scaricata dal motore, che è di per sé inferiore di quella aspirata dal motore, sarà a maggior ragione inferiore della portata aspirata dalla pompa (quest'ultima è maggiore di quella mandata dalla pompa stessa, non essendoci il rendimento volumetrico).

Infatti [1]:

$$Q_{POMPA,aspir.} = V_{POMPA} * n_{POMPA} \qquad (1.21)$$

$$Q_{MOTORE,scaric.} = V_{MOTORE} * n_{MOTORE} \qquad (1.22)$$

Ed essendo V_{POMPA} circa pari a V_{MOTORE} , mentre $n_{POMPA} > n_{MOTORE}$, si deduce che

$$Q_{POMPA,aspir.} > Q_{MOTORE,scaric.} \qquad (1.23)$$

Sarà proprio la differenza di queste due portate *(1.23)* che la pompa di sovralimentazione dovrà reintegrare. La valvola limitatrice di pressione va a reintegrare il giusto quantitativo di olio e scarica l'eccesso.

- Nel **tratto D'E'** il motore accelera troppo e la portata scaricata dallo stesso può superare la portata aspirata dalla pompa. La funzione della valvola limitatrice di pressione e del circuito di sovralimentazione viene meno perché, nel momento in cui il motore scarica più portata di quanto la pompa ne aspiri, non è possibile che l'olio dal ramo di bassa pressione giunga alla pompa di sovralimentazione; lo impedisce la VALVOLA DI NON RITORNO.

Il discorso regge fin quando la pressione nel ramo di bassa pressione è leggermente inferiore alla pressione di sovralimentazione: in tal caso ci sarà un flusso d'olio che va a reintegrare quello mancante.

Ecco spiegato il motivo per cui la pressione sale fino a raggiungere valori superiori a quelli nel ramo di alta pressione.

In queste condizioni, si ha che la coppia erogata dal motore è molto bassa, o addirittura può assumere valori negativi. Il motore funziona perciò da pompa, aspirando olio a pressioni basse e scaricandolo in un ambiente a pressioni più alte.

Sicuramente la portata erogata dal motore è più piccola di quella richiesta dall' utilizzatore e quindi $\dfrac{d\omega}{dt}$ diventa negativo e il motore rallenta.

La pompa eroga più portata di quanta ne smaltisce il motore e, nell'istante in cui ciò accade, la pressione riprende a salire.

- Nel **tratto E'F'** il motore, rallentando, scarica meno portata di quanta ne aspiri la pompa, perciò la pressione, nel ramo di bassa pressione, tende a salire [6].

- Nel **tratto F'G'** compaiono alcune oscillazioni di pressione. Si può notare come sul ramo di BASSA, la pressione si stabilizzi prima, proprio perché la portata scaricata dal motore e quella aspirata dalla pompa non sono esattamente uguali; la loro differenza , infatti, verrà reintegrata nel circuito dalla pompa di sovralimentazione.

Piccole oscillazioni di velocità del motore non creano problemi particolarmente gravosi sul ramo di bassa pressione perché cambierà solo la portata reintegrata dalla pompa di sovralimentazione, mentre la pressione si manterrà al di sotto di quella che è la pressione di taratura della valvola limitatrice di pressione.

Il fenomeno delle oscillazioni è terminato a un tempo t di circa 1s e siamo giunti alle condizioni di **STAZIONARIO** (da G'H' in poi).

Ricordiamo che la differenza di pressione fra il ramo di alta e bassa pressione dipende dalla coppia richiesta dall'utilizzatore. Quando la coppia dell'utilizzatore è elevata tanto più la differenza $p_2 - p_1$ sarà marcata.

La pressione massima nel transitorio dipende dalla **INERZIA DEL MOTORE IDRAULICO**. Se il motore idraulico (o meglio l'utilizzatore ad esso collegato) avesse un'elevata inerzia, la fase di avvio del motore (o utilizzatore) sarebbe stata molto più lenta e la pressione massima nel transitorio sarebbe potuta salire al di sopra di quella indicata in figura 9.1 nel primo ciclo.

Anche se si tentasse di far funzionare la trasmissione idrostatica sempre in un verso, si dovrebbe salvaguardare l'impianto dal transitorio, inserendo delle opportune valvole limitatrici di pressione **ANCHE NEL RAMO DI BASSA PRESSIONE**.

Nello schema dell'impianto è possibile notare come i trasduttori di pressione siano stati montati a ridosso del motore idraulico. Per l'avvio del motore idraulico, è possibile inserire i trasduttori di pressione sia a ridosso del motore che della pompa [6].

Si analizza ora cosa accade nel dettaglio durante la **fase di arresto del motore idraulico,** cfr. fig. 9.2. Teoricamente, se il motore potesse arrestarsi istantaneamente nel momento in cui il distributore fosse stato commutato nella posizione di riposo, si sarebbe potuto riscontrare un andamento delle pressioni e una velocità angolare del tutto regolari.

Ciò nella realtà non accade, essendo l'olio un po' comprimibile. Per inerzia, infatti, il motore continua a girare, aspirando, per un certo lasso di tempo, olio dall'ambiente di alta pressione e scaricandolo in quello di bassa pressione. La pressione nel ramo di alta pressione scende e in quello di bassa pressione sale: il motore sta funzionando da pompa.

Di conseguenza, oltre alla coppia richiesta dall'utilizzatore, esiste anche la coppia della pompa che tende a frenare il motore idraulico. A un certo punto il motore si ferma e il risultato sarà che la pressione nel ramo di bassa pressione sarà molto più alta rispetto a quella che si ha nel ramo di alta pressione, ramo in cui peraltro, la pressione si è abbassata.

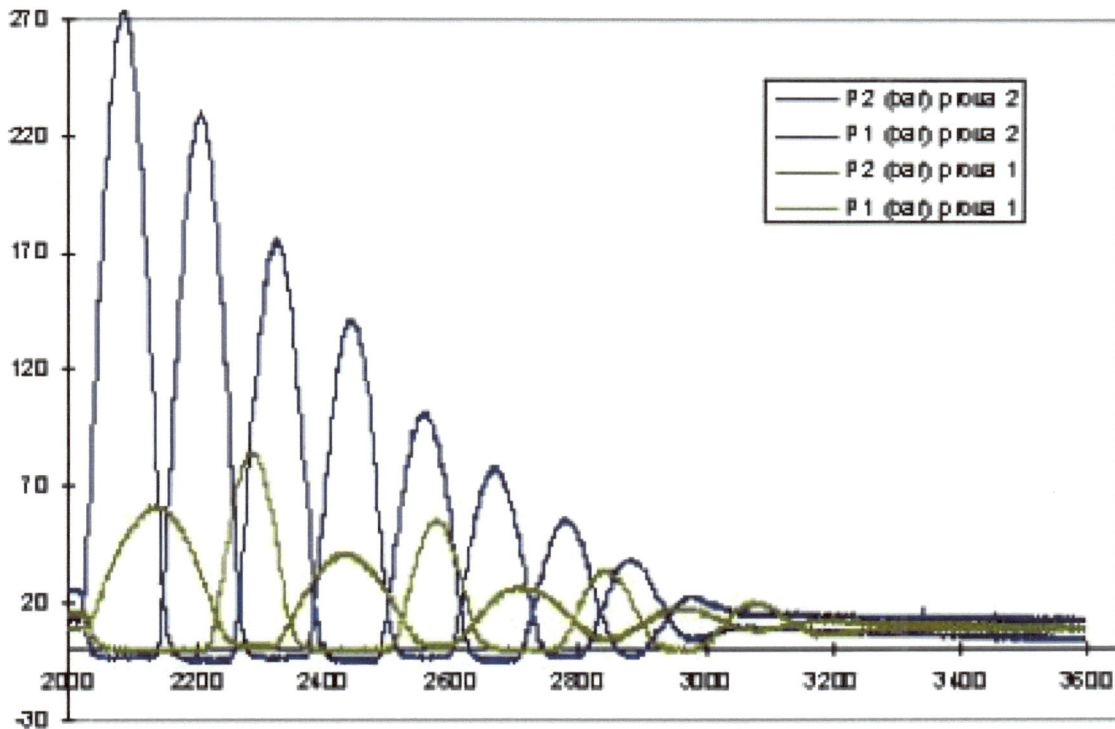

Figura 9.2: fase di arresto del motore idraulico. Andamento delle pressioni [bar] in funzione del tempo in [ms]. Curva blu leggera (scarico M.I) + curva blu marcata (aspirazione M.I) ottenute a n_MOTORE = 500rpm e lunghezza tubazioni pari a L; curva verde leggera (scarico M.I) + curva verde marcata (aspirazione M.I) ottenute a n_MOTORE = 500rpm e lunghezza tubazioni pari a 3L.

A questo punto il motore girerà in verso contrario, ossia riceverà olio dall'ambiente di bassa pressione (dove la pressione è più elevata di quella che c'è sul ramo di alta pressione) e lo manderà al ramo di alta pressione.

SI CONTINUANO AD AVERE TALI OSCILLAZIONI DI PRESSIONE PER UN PERIODO CIRCA DI 1100 ms (1 secondo, circa). In tali condizioni si osserva l'albero del motore idraulico ruotare in verso orario e antiorario per poi fermarsi del tutto.

Le oscillazioni si sono aggirate intorno a 9 per un numero di giri del motore idraulico, prima dell'arresto, pari a 500 rpm. In genere la stima del numero di tali oscillazioni dipende naturalmente dalla velocità di rotazione con cui il motore idraulico ruotava prima di essere arrestato e dall'inerzia del sistema ad esso collegato (utenza).

Le pressioni, in tale **TRANSITORIO**, superano i 300 bar (in alcune prove i 400bar).

Di qui la necessità di inserire doppie valvole limitatrici di pressione, sia nel ramo di alta che in quello di bassa pressione [6].

Si ragioni, ora, in termini energetici (cfr. fig. 9.3).

Al momento della frenata, il motore idraulico assieme all'utilizzatore possiede una notevole energia cinetica. Esso dovrà trasformarla interamente, a meno dei rendimenti meccanici, in energia di pressione, comprimendo l'olio dal ramo che era di bassa pressione, ma che in conseguenza del funzionamento da pompa del motore idraulico, ora è divenuto di alta pressione.

Il livello di pressione che si ha in questo ramo dipende dalla quantità di energia cinetica che il motore possedeva al momento della frenata. Ecco dunque che la curva in *rosso* (a più elevato numero di giri del motore idraulico) raggiunge pressioni più elevate rispetto alla curva *blu* (cfr. fig. 9.3).

Infatti, ricordando la formula dell'energia cinetica rotazionale posseduta da un organo rotante:

$$E_{cinetica} = \frac{1}{2} * I * \omega^2 \quad \text{ove I è l'inerzia del motore idraulico (o utilizzatore).}$$

E' chiaro che tutte le perdite (per attrito, per assorbimento di **ENERGIA** da parte dello utilizzatore, per **TRAFILAMENTI**) assorbono energia di pressione dall'olio e la dissipano in calore, essenzialmente.

L'energia cinetica del motore, poi, diminuendo fino a dissiparsi interamente, tende a 0 per poi riprendere a funzionare correttamente da motore, e non più da pompa.

Si spiega ora il significato dei punti particolari del diagramma delle pressioni durante **la fase di arresto improvviso del motore idraulico** (cfr. fig. 9.3):

- **punti di picco**: essi sono significativi dell'arresto del motore. Quando il motore idraulico si arresta, infatti, non scarica più olio nel ramo di bassa e la pressione non sale più. In corrispondenza del picco, poiché il motore si è arrestato, si azzera la sua energia cinetica (e quindi anche quella dell'utilizzatore) poiché tale energia si trasforma in energia di pressione;

- *punti di intersezione tra le due curve*: qui il motore idraulico ha raggiunto la massima velocità e l'energia di pressione è molto bassa. Da questo punto in poi, il motore continuerà a girare in modo diverso da quello che assumeva precedentemente;

- *tratti orizzontali in cavitazione*: in questi tratti la pressione è circa costante, perché il condotto corrispondente (alla curva colorata) è in cavitazione. Anche se il motore idraulico scarica olio, c'è solo vapor d'olio che condensa per far posto contemporaneamente all'olio che il motore sta scaricando. Nelle ultime fasi, quando oramai tutto l'olio è condensato, la pressione inizia a salire. Si osserva, per ultimo, che l'energia di pressione che possiamo accumulare nei condotti (capacitivi, in un certo senso) dipende in modo proporzionale dalla lunghezza dei condotti stessi. Quanto più è lungo un condotto, tanta più energia di pressione è possibile immagazzinare. Ovviamente il livello di pressione massima raggiunta sarà maggiore in un condotto breve rispetto ad uno più lungo. La lunghezza dei condotti influisce anche sul periodo di tali oscillazioni di pressione (e di conseguenza di velocità) del motore idraulico [6].

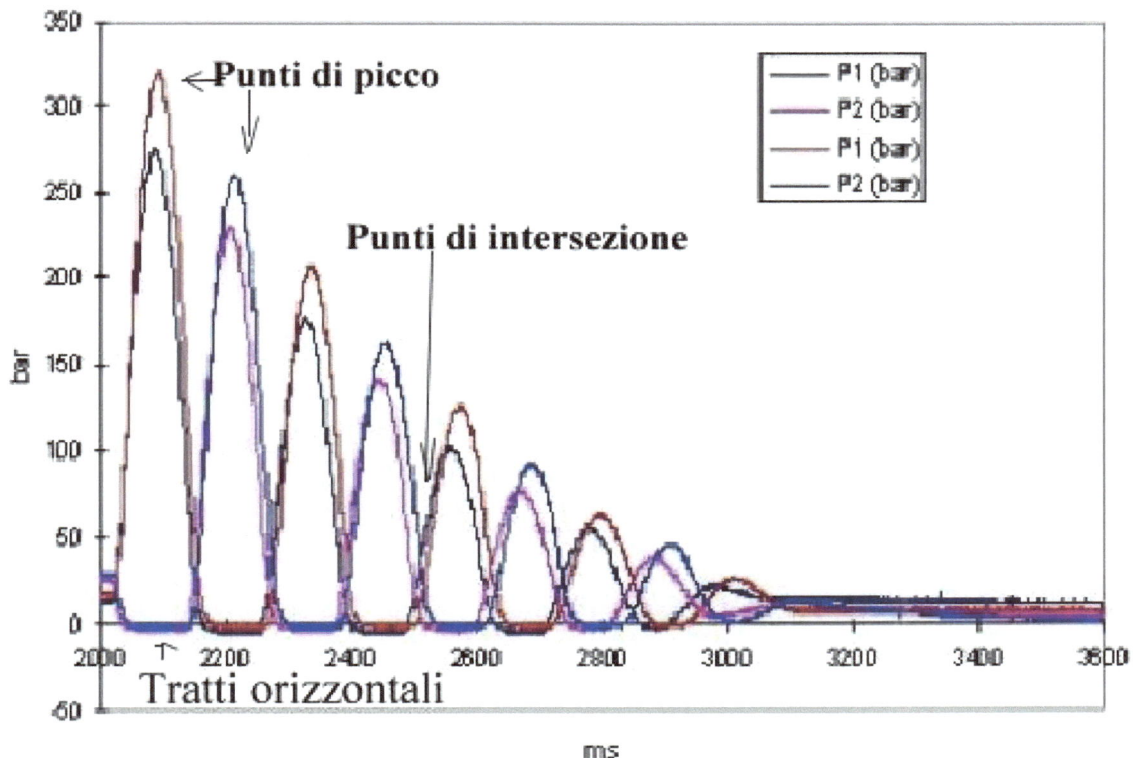

Figura 9.3: fase di arresto del motore idraulico. Andamento delle pressioni [bar] in funzione del tempo in [ms]. Curva rossa (scarico M.I) + curva blu (aspirazione M.I) ottenute a n_{MOTORE}= 550rpm. curva nera (scarico M.I) + curva rosa (aspirazione M.I) ottenute a n_{MOTORE}= 500rpm.

CAPITOLO 2

DESCRIZIONE DEL BANCO PROVA

L'impianto in oggetto è costituito da una trasmissione idrostatica a circuito chiuso sita nel laboratorio di OLEODINAMICA della Sezione di Macchine ed Energetica del DIMEG del Politecnico di Bari.

Nella trasmissione idrostatica a circuito chiuso esistono un lato di alta pressione e uno di bassa pressione, i cui ruoli si invertono a seconda dell'orientamento del carico resistente applicato all'utenza. In un impianto a circuito chiuso è presente e circola sempre lo stesso fluido, per cui è sufficiente immettere, tramite una pompa di sovralimentazione, la portata di compensazione atta a reintegrare i trafilamenti delle due macchine volumetriche (POMPA & MOTORE IDRAULICO). Quanto illustrato è reso evidente dalla figura 10 che riporta lo schema attuale dell'impianto.

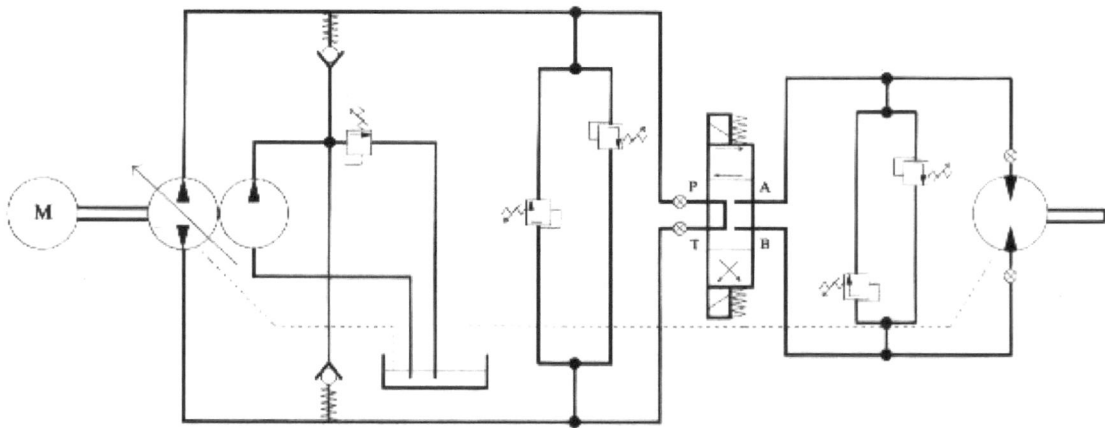

Figura 10: configurazione attuale dell'impianto.

Il banco, all'atto della compilazione del presente lavoro, risulta composto dalle seguenti parti:

- una sorgente di potenza meccanica realizzata con un motore elettrico trifase, già presente nel Laboratorio dell'Istituto, con numero di giri regolabile nel campo 750-3000 giri/min della potenza massima di 20 kW (cfr. fig. 11).

Figura 11: motore elettrico trifase.

- una sorgente di potenza idraulica, realizzata a mezzo di una pompa volumetrica a pistoni assiali sovralimentata , del tipo SAUER SUNDSTRAND M46PV a cilindrata variabile da 0 a 46 cm^3 (cfr. fig. 12). Il campo di funzionamento di tale macchina è molto ampio (da 0 a 6000 giri/min) e la pressione massima di esercizio è di 350 bar. La pompa è di tipo reversibile ovvero è possibile scambiare l'aspirazione con la mandata invertendo l'inclinazione del piatto inclinato. La pompa di sovralimentazione (ad ingranaggi) collocata all'interno del corpo della pompa volumetrica ha lo scopo di reintegrare le perdite dovute ai trafilamenti attraverso i giochi presenti nella pompa volumetrica [4].

Figura 12: pompa oleodinamica a piatto inclinato.

- un motore idraulico di tipo volumetrico a pistoni assiali SAUER SUNDSTRAND M46MF avente cilindrata fissa pari a 46 cm^3, range di rotazione da 0 a 3000 giri/min e pressione massima di esercizio di 350 bar (cfr. fig. 13)[4].

Figura 13: motore idraulico a piatto inclinato.

- un distributore 4-3 ATOS DKI 1714, a cassetto, azionato da due elettrobobine ad azionamento diretto. Il distributore convoglia l'olio secondo opportune vie dalla pompa al motore idraulico (cfr. fig. 14)[7].

Figura 14: distributore ATOS 4/3.

In figura 15 è rappresentata una sezione longitudinale del distributore a cassetto elettropilotato con centraggio a molla, con campo di funzionamento 0-120 l/min, 0-320 bar.

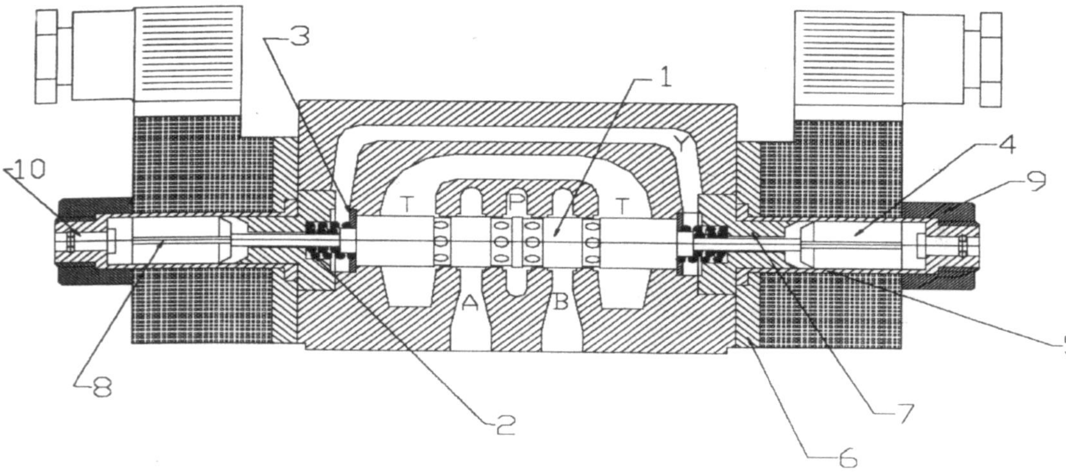

Figura 15: sezione longitudinale del distributore ATOS elettropilotato.

Il distributore (cfr. fig. 15) è dotato di un cursore (1) scorrevole assialmente con posizione centrale a ricircolo; nella posizione centrale o di riposo, cioè, esso permette il ricircolo della portata d'olio erogata dalla pompa verso lo scarico a serbatoio con pressione atmosferica. La posizione in tal caso è P -> T.

Nella figura 15 è possibile osservare il corpo, la presenza delle molle di centraggio laterali (2) che agiscono sul cursore tramite i due piattelli (3), con le due ancore dotate di astine (4), eccitate dinamicamente dai magneti laterali. Le ancore sono scorrevoli all'interno di due camicie (5), centrate e fissate lateralmente da due flange (6) al corpo valvola. "A" e "B" sono collegati all'alimentazione e allo scarico del motore idraulico, "Y" rappresenta il condotto di drenaggio, mentre "P" e "T" sono collegati alla mandata e aspirazione della pompa, rispettivamente (cfr. fig. 15). L'olio di drenaggio, attraverso Y, può trafilare attraverso il meato tra stelo ed elemento di centraggio (7); inoltre può scorrere tra una camera e l'altra dell'ancora poiché su quest'ultima è ricavata una feritoia (8). I solenoidi (9) sono fissati sulle camicie esterne del distributore tramite dei tappi (10), che isolano l'olio di drenaggio dall'esterno. E' proprio la posizione di (1) che regola il funzionamento del distributore secondo tre diverse opzioni:

1. P->T: il distributore mette a ricircolo l'olio proveniente dalla pompa, posizione di riposo;

2. P->A: il distributore connette la mandata della pompa con l'adduzione superiore del motore idraulico, quindi a scarico l'adduzione inferiore dello stesso motore (B->T);

3. P->B: il distributore connette la mandata della pompa con l'adduzione inferiore del motore idraulico, quindi a scarico l'adduzione superiore dello stesso motore (A->T).

L'elettrovalvola viene comandata direttamente da PC di comando che acquisisce tramite una scheda PCI di interfaccia con un relè statico posto sul quadro di potenza. Il relè statico, quindi, grazie ad un segnale pilota di 24 V, comanda l'eccitazione della valvola ordinata dall'utente tramite il pannello di gestione della trasmissione idrostatica su PC;

- un dissipatore di potenza meccanica, realizzato con un freno elettromagnetico (cfr. fig. 16). Questi freni sono composti da un rotore in acciaio ad alta permeabilità magnetica avente la forma di un disco dentato a denti diritti, calettato su di un albero supportato da cuscinetti a rotolamento montati nei coperchi dello statore. Lo statore è a sua volta supportato da cuscinetti oscillanti montati sul basamento del freno. Al centro dello statore è sistemato l'avvolgimento di campo le cui spire sono coassiali all'asse del freno. Applicandovi una corrente si genera un campo magnetico toroidale; il rotore ruota in questo campo del quale fa parte e le zone dello statore, che in un certo istante sono opposte ai denti, oppure comprese fra due denti del rotore, vengono alternativamente magnetizzate e smagnetizzate. Ciò causa correnti parassite nello statore con conseguente generazione di calore per effetto Joule; il calore viene asportato con l'acqua che percorre un circuito idraulico di raffreddamento.

Opportuni sistemi elettronici di controllo rilevano le temperature del freno e dell'acqua refrigerante, intervenendo sulla corrente di alimentazione e sulla portata del refrigerante.

Il sistema di controllo consente di operare correttamente in tutte le condizioni di prova previste permettendo la simulazione delle reali condizioni di funzionamento del motore sul veicolo.

La rotazione dello statore è impedita da un braccio alla cui estremità è applicata una cella di carico estensimetrica. Questa cella è realizzata con un trasduttore il quale converte la deformazione di un elemento elastico su cui è montato un estensimetro che genera un segnale elettrico che, opportunamente elaborato da una centralina, viene trasmesso alla strumentazione sistemata su quadri posti in zona acusticamente protetta.

I freni a correnti parassite possono essere utilizzati per le misure di potenza dei motori al alte prestazioni caratterizzati da elevati valori della potenza e del numero di giri. Per queste applicazioni sono realizzati freni con più rotori, calettati sullo stesso albero, dotati di bassa inerzia; questa configurazione consente alte velocità di rotazione e grande stabilità.

Le varie componenti del freno a correnti parassite vengono dettagliatamente indicate in figura 17;

Figura 16: freno a correnti parassite Schenck.

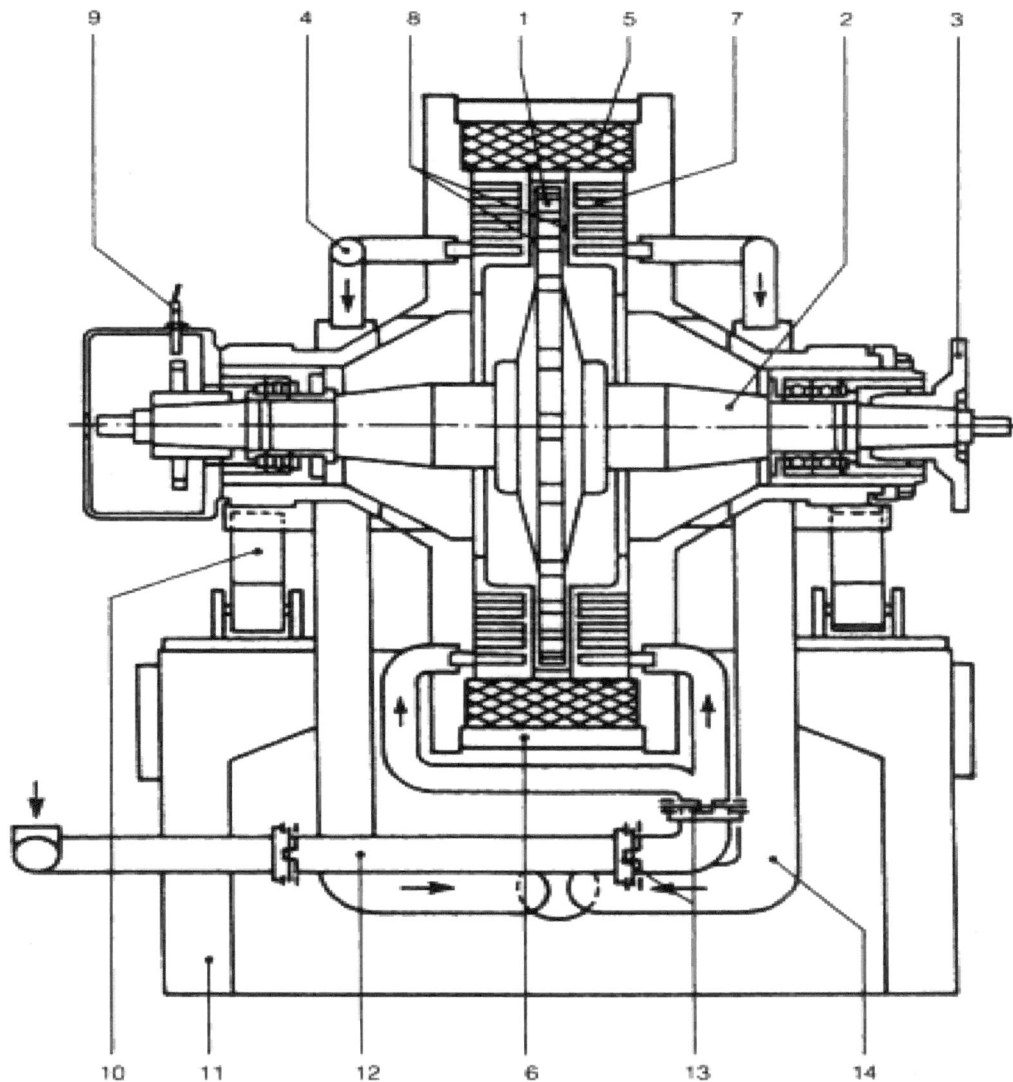

1. Rotore
2. Albero del rotore
3. Flangia di accoppiamento
4. Uscita acqua dallo scambiatore provvista di termo-stato
5. Avvolgimento o bobina di eccitazione
6. Contenitore del dinamometro
7. Scambiatore per raffreddamento
8. Traferro di aria
9. Sensore di velocità
10. Supporti a flessione
11. Base
12. Tubo di arrivo acqua raffreddata
13. Giunti tubazione acqua
14. Tubo uscita acqua

Figura 17: sezione trasversale di un freno a correnti parassite; 1. Rotore, 2. Albero del rotore, 3. Flangia di accoppiamento, 4. Uscita acqua dallo scambiatore di calore provvista di termostato, 5. Avvolgimento o bobina di eccitazione, 6. Contenitore del dinamometro, 7. Scambiatore per raffreddamento, 8. Traferro ad aria, 9. Sensore di velocità, 10. Supporti a flessione, 11. Base, 12. Tubo di arrivo acqua raffreddata, 13. Giunti tubazione acqua, 14. Tubo uscita acqua.

- una serie di tubazioni flessibili di raccordo del tipo R9 le cui massime condizioni di esercizio sono intorno ai 350 bar;

- due valvole di massima pressione ATOS con pressione di riflusso variabile fra 0 e 250 bar.

La valvola limitatrice di pressione serve a limitare la pressione in un impianto oleodinamico ad un determinato valore di taratura. Al raggiungimento di tale valore la valvola entra in funzione, scaricando dal sistema al serbatoio il fluido in eccesso, pari alla differenza tra la portata della pompa ed il fabbisogno istantaneo delle utenze. Essa va sempre installata in derivazione (by-pass). In relazione alla funzione svolta la valvola limitatrice di pressione è chiamata anche valvola di sicurezza. Il funzionamento di tutte le valvole limitatrici di pressione ad azionamento diretto si basa sul fatto che la pressione in entrata agisce su una superficie di misura, costituita da un elemento di chiusura caricato da una forza resistente. La forza della molla precaricata agisce nel senso della chiusura e contrasta la forza idraulica generata dalla pressione d'entrata che agisce sulla superficie frontale inferiore dell'otturatore, mentre il vano molla è collegato al serbatoio. Finché la forza della molla supera quella della pressione l'elemento mobile rimane serrato contro la sede. Quando la pressione supera il valore di taratura, la forza della pressione supera la forza della molla e l'elemento mobile si alza aprendo un passaggio verso il serbatoio ed il fluido in eccesso si scarica attraverso tale linea. La figura 17.1 chiarisce quanto appena detto [7].

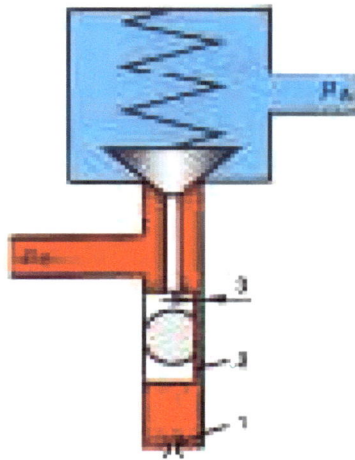

Figura 17.1: schema di principio della valvola limitatrice di pressione. Colore celeste: pressione atmosferica; colore rosso: pressione in entrata. 1- foro (opzionale) idoneo per lo smorzamento delle oscillazioni di pressione; 2-otturatore; 3- gioco radiale tra corpo interno valvola e otturatore.

Nella figura 18 è riportata una foto dell'esploso degli elementi costitutivi di una valvola commerciale di questo tipo. Si tratta di una valvola limitatrice di pressione ad azionamento diretto con pressione massima di lavoro pari a 250 bar. Dallo spaccato appaiono ben evidenti il corpo principale della valvola con foro di ingresso e uscita dell'olio, l'otturatore troncoconico con all'estremità il pistoncino di smorzamento, la molla che tende a comprimere l'otturatore sulla sede del corpo valvola, ed infine il pistoncino di precompressione della molla, spinto dal volantino di taratura accessibile dall'esterno tramite chiave a brugola da 4 mm;

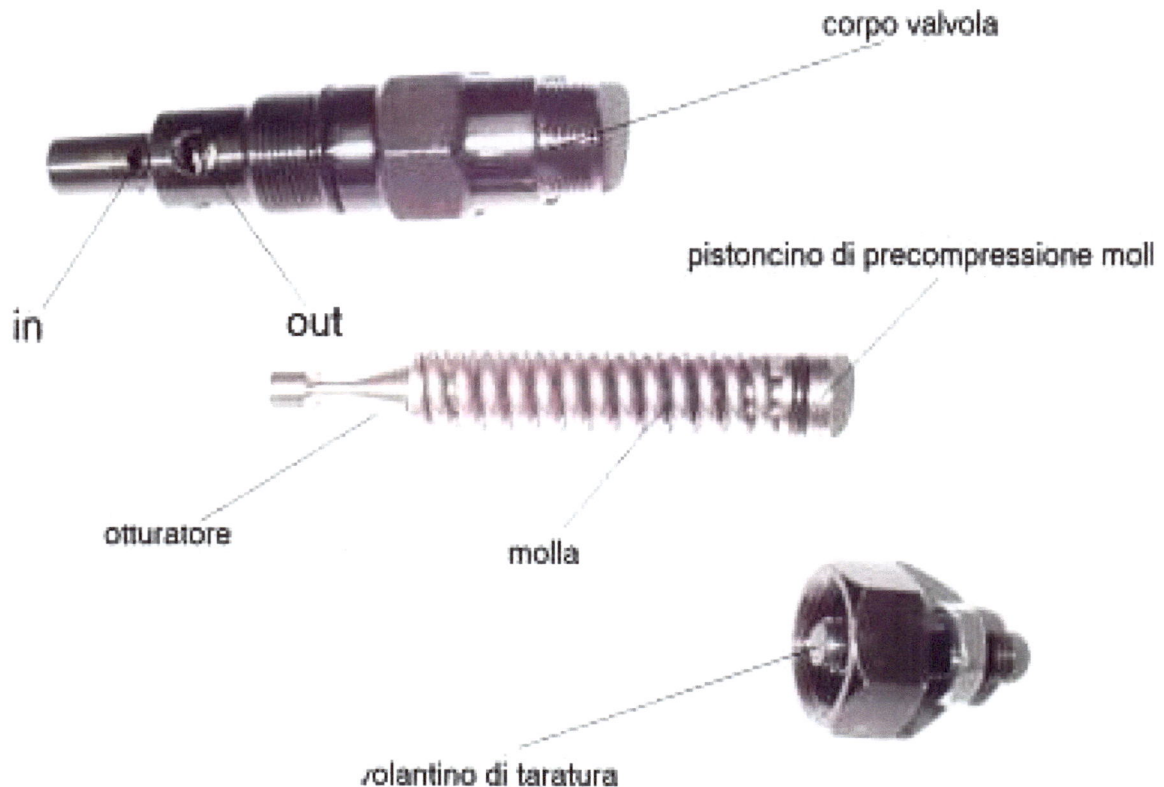

Figura 18: valvola ad azione diretta.

- un filtro di alta pressione (cfr. fig. 19) unidirezionale che è stato montato all'interno del circuito di potenza. Studi in questo settore hanno dimostrato che solo il 15% dei guasti è dovuto all'invecchiamento dell'impianto ed un altro 15% è dovuto a cause accidentali, mentre ben il 70% dei guasti è dovuto alla degradazione del fluido. All'interno di questo 70%, il 20% è dovuto alla presenza di acqua all'interno dell'olio, e quindi a fenomeni corrosivi, e ben il 50% ad usura meccanica dovuta alla presenza di contaminazione particellare nell'olio. Il livello di contaminazione da particelle solide di un fluido è codificato dalla norma UNI ISO

4406, la quale fa riferimento al numero di particelle di dimensioni superiori, rispettivamente a 5 mm e 15 mm contenute in 100 ml di fluido per individuare due indici che caratterizzano il livello di contaminazione del fluido. La separazione delle particelle contaminanti viene affidata ai FILTRI, che possono essere sistemati in ASPIRAZIONE, in SCARICO, in LINEA. In aspirazione i filtri possono operare con un Δp molto basso; pertanto devono essere di maglia larga per non ostacolare l'aspirazione con pericolo di danneggiamento della pompa, sono atti a trattenere impurità grossolane che possono entrare durante il caricamento dell'olio nel serbatoio se eseguito senza gli opportuni accorgimenti. Quelli di scarico sono più efficaci perché possono disporre di un Δp più elevato e sono posizionati in modo da trattenere tutte le impurità raccolte dall'olio nel circuito; le carcasse sono di esecuzione economica in quanto operano a bassa pressione. Quelli di linea lavorano in alta pressione, sono costosi e vengono in genere impiegati con basse portate all'entrata di organi particolarmente delicati (valvole proporzionali ect.) [6].

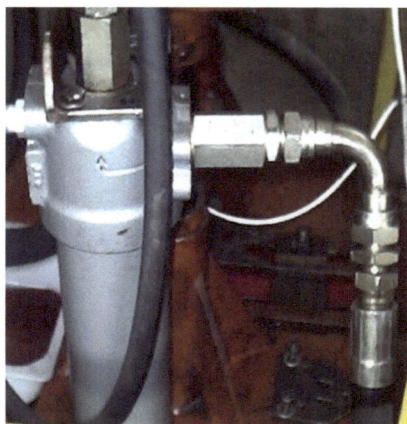

Figura 19: filtro unidirezionale per l'olio.

CAPITOLO 3

STRUMENTAZIONE DI MISURA

3.1 Generalità sugli encoder

Sono installati sull'impianto una serie di sensori che inviano al sistema di acquisizione le grandezze fisiche misurate sotto forma di segnali di tensione la cui ampiezza sarà convertita in relazione alla misura che si vuole effettuare.

Sull'albero del motore idraulico è calettato un **encoder** (*incrementale*) **RS- 256/499**. Gli encoder, in generale, sono utilizzati per la misura del numero di giri del motore idraulico e del verso di rotazione del suo albero nonché per il calcolo della cilindrata della pompa. Un encoder è essenzialmente un trasduttore di posizione angolare oppure lineare di tipo elettromeccanico in grado di fornire come grandezza di uscita un segnale elettrico di tipo numerico oppure analogico.

A seconda che la posizione venga determinata ricorrendo ad un sistema di misura angolare (mediante accoppiamento sull'albero del dispositivo) oppure in modo lineare (ad esempio in una barra ottica oppure mediante opportuno accoppiamento ingranaggio cremagliera/filo) si parla di encoder rotativo oppure lineare.

L'encoder come dispositivo trasforma quindi un movimento meccanico in una grandezza di natura differente che risulta essere sempre una tensione oppure una corrente a seconda dell'interfaccia di uscita integrata all'interno dell'encoder stesso.

Si definisce ENCODING il processo di trasformazione del movimento meccanico che attua la rotazione dell'albero dell'encoder in valori digitali/analogici.

Questo processo di codifica è di tipo discreto (quantizzato), cioè la posizione dell'albero dell'encoder viene rilevata secondo passi discreti definiti dalla RISOLUZIONE dell'encoder stesso. A seconda del modello di encoder si possono avere risoluzioni da un minimo di 1 impulso/giro fino a 360000 impulsi/giro.

La risoluzione dell'encoder definisce quindi la massima precisione ottenibile sulla misura dell'angolo giro.

Il mondo degli encoder generalmente si suddivide in due grandi famiglie:

• encoder incrementali;

• encoder assoluti (monogiro/multigiro, programmabili).

Il principio di funzionamento su cui si basa ogni singola famiglia è il medesimo, ma l'informazione di posizione viene presentata all'utente in due modi differenti.

Nel caso degli encoder incrementali si ha un treno di impulsi (rettangolare [come nel nostro caso] oppure sinusoidale) che rappresenta il passaggio da una posizione dell'albero a quella immediatamente adiacente secondo la risoluzione dell'encoder stesso; nel caso degli encoder assoluti in uscita si ha una stringa di bit (codice di uscita) che rappresenta in modo univoco la posizione dell'albero dell'encoder; inoltre tale posizione viene mantenuta (memoria) anche ad encoder spento. Questa è la caratteristica principale tra le due famiglie di encoder [8].

Il sistema fisico che attua la conversione meccanica-elettrica è costituito nella sua essenza dai seguenti particolari:

• Led emettitore;

• Disco + collimatore (anche detto reticolo);

• Sistema ricevente;

• Condizionamento del segnale;

• Interfaccia di uscita.

Nel caso degli encoder rotativi il metodo utilizzato per generare tipicamente gli impulsi in uscita consiste nel modulare in modo opportuno un fascio di luce emesso da un diodo led[1] a semiconduttore (GaAsAl) raccogliendo la luce modulata mediante un dispositivo fotosensibile che può essere un fotodiodo oppure un fototransistor.

Per modulare la luce in modo sincrono con il movimento dell'albero dell'encoder si usa un disco di materiale plastico, metallico oppure vetroso sul quale sono riportate, secondo tecniche differenti illustrate in seguito, una o più corone circolari concentriche divise ciascuna in un certo numero di settori chiari e scuri alternati fra loro, (cfr. fig. 20) in cui si è rappresentato un possibile esempio di disco incrementale a 15 impulsi/giro.

---

1 In certi casi la sorgente di luce è una lampadina a filamento.

La luce modulata dal disco, nelle caso delle alte risoluzioni, viene ancora filtrata da un collimatore posto nelle immediate vicinanze del sistema ricevente al fine di conferire al sistema una migliore qualità del segnale luminoso che deve essere tradotto [9].

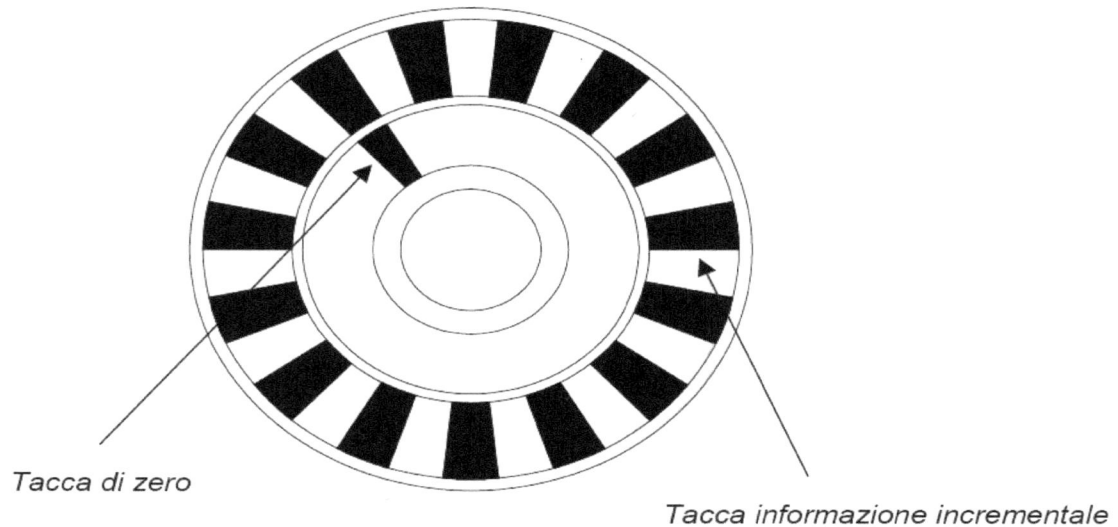

Tacca di zero

Tacca informazione incrementale

Figura 20: esempio di struttura di un disco incrementale da 15 ppr.

La luce generata dal diodo emettitore viene quindi interrotta dalle finestre create sulla superficie del disco, filtrata dal collimatore ed infine raccolta dal sistema ricevente che attua la conversione ottica-elettrica.

Poiché la luce, che in uscita dal diodo emettitore ha una emissione stazionaria nel tempo, viene modulata dalla rotazione del disco, al lato ricevitore si ottengono degli impulsi di luce aventi frequenza f pari a (la *risoluzione* dell'encoder verrà indicata dopo come $\Delta\theta$):

$$f = \frac{risoluzione}{60} * (\frac{giri}{\min uto}) \qquad (3.1)$$

La *(3.1)* è relazione fondamentale che consente di determinare la frequenza massima dei segnali generati in uscita da un generico encoder rotativo in base al *numero di giri*, espressi *al minuto primo*, effettuati dall'albero dell'encoder stesso. Il sistema ricevente, a seconda della risoluzione dell'encoder, viene realizzato secondo due strutture differenti:

• singolo ricevitore;

• doppio ricevitore o tecnica differenziale.

La tecnica di lettura a doppio fotoricevitore, anche detta lettura differenziale, impiegando due ricevitori per canale consente prestazioni in termini di stabilità del segnale di uscita (jitter) e risposta in frequenza notevolmente migliori rispetto al primo tipo di sistema. Oltre

a ciò si ottiene anche una maggiore immunità del segnale di uscita alle variazioni della tensione di alimentazione rendendo tale tecnica ideale nei sistemi elettricamente ostili (ad esempio nel caso del rilevamento di posizione di motori). Si ha anche una maggiore robustezza del sistema di lettura alla deriva dei parametri a motivo delle variazioni di temperatura e per l'invecchiamento dei componenti optoelettronici.

I segnali rilevati dal sistema ricevente (di tipo singolo oppure differenziale) possono essere presentati immediatamente allo stadio di uscita oppure squadrati e presentati all'interfaccia di uscita.

Nel primo caso si parla di encoder ad uscita sinusoidale mentre nel secondo di uscita ad onda quadra.

Il segnale ad onda rettangolare viene ricavato dal segnale in uscita al sistema ricevente mediante squadratura ricorrendo ad un circuito denominato classicamente trigger di Schmitt in grado di conferire all'encoder una certa immunità ai disturbi meccanici, vibrazioni indesiderate presenti all'albero dell'encoder e sovrapposte al normale moto rotativo che deve essere rilevato e trasdotto dall'encoder stesso. Il segnale rettangolare generato in uscita ha sempre duty-cycle[2] pari al 50 %, questo per garantire la massima immunità ai disturbi sui segnali prodotti dall'encoder [9].

Il disco dell'encoder può essere costruito utilizzando sostanzialmente materiali del seguente tipo:

- plastica;
- vetro;
- metallo;

Il disco in plastica presenta le seguenti caratteristiche:

- infrangibile (resistente alle sollecitazioni meccaniche come urti e vibrazioni);
- temperatura di utilizzo medio/alta;
- risoluzioni medio/basse;
- costi contenuti.

Il disco in vetro ha invece le seguenti proprietà:

- delicato, non adatto in ambienti meccanicamente ostili;
- adatto per le alte temperature;
- altissima risoluzione;
- costo elevato.

Infine il disco in metallo si usa per risoluzioni basse, generalmente inferiori ai 100 ppr e presenta il costo minore.

Il confine tra l'uso di un tipo di disco piuttosto che un altro è determinato da due fattori:

- dimensione del disco e relativa risoluzione;
- precisione del processo di incisione fotografica.

Nel caso del disco in plastica si deposita l'emulsione e si espone il tutto ai raggi U.V. polimerizzando le regioni di interesse; si ha in sostanza un processo del tutto analogo ad un normale sviluppo fotografico.

Nel caso dei dischi in vetro si parte da una lastra di vetro sulla quale, mediante deposizione metallica secondo riporto elettrochimico, si crea uno strato uniforme di materiale metallico (ad esempio Cromo). In seguito si creano le finestre mediante evaporazione del metallo oppure

---

2 Si definisce duty-cycle, indicato con D, di un'onda rettangolare il rapporto tra l'intervallo di tempo in cui l'impulso è alto ed il periodo dell'onda stessa. Il duty-cycle è un numero reale positivo compreso sempre tra 0 ed 1.

secondo incisione galvanica (si ha in sostanza un processo di rimozione selettiva simile a quello usato nella fabbricazione dei circuiti integrati). Il processo relativo ai dischi in vetro consente di ottenere finestre con larghezze minime pari a 2 μm contro i 10 μm ottenibili dal processo fotografico; inoltre nel caso dei dischi in vetro le finestre risultanti hanno una definizione nettamente migliore (righe rettilinee) il che rende questo tipo di processo l'unico praticabile per ottenere dischi ad altissima risoluzione. In definitiva quindi, all'aumentare della risoluzione, si possono seguire due strade differenti: lavorare a parità di larghezza di finestra aumentando il diametro del disco e quindi le dimensioni finali dell'encoder, oppure ridurre la larghezza delle finestre passando, se è il caso, dal disco in plastica a quello in vetro.

Questo passaggio comporta anche diversità nel tipo di applicazione dell'encoder stesso, infatti un disco in vetro richiede maggiori cure e meno sollecitazioni di un disco in plastica.

Questo, in definitiva, porta a concludere come la scelta di un tipo di encoder piuttosto che un altro non debba essere fatta solo in base al tipo di risoluzione, ma dipenda anche da un certo numero di condizioni al contorno relative all'applicazione e all'ambiente elettrico/meccanico in cui l'encoder dovrà trovarsi ad operare [9].

3.2 Encoder incrementali

La famiglia degli encoder incrementali rappresenta la maggior parte degli encoder presenti sul mercato.

Quando l'alberino dell'encoder viene ruotato di un angolo pari a:

$$\alpha = \frac{360}{2 \cdot risoluzione}$$

(3.2)

in uscita all'encoder viene generato un impulso (rettangolare oppure sinusoidale) di tensione avente ampiezza minima e massima variabile a seconda del modello di encoder preso in considerazione (in particolare in base al tipo di elettronica di uscita).

Per comprendere l'origine della *(3.2)* si consideri ad esempio il disco rappresentato nella fig. 20: da questa è possibile osservare come per una risoluzione da 15 impulsi/giro si debba avere un numero pari a 30 divisioni (tra finestre chiare e scure) disegnate sulla superficie del disco stesso. Da ciò si comprende la presenza del coefficiente 2 presente al denominatore della *(3.2)*.

Poiché un encoder incrementale è destinato a rilevare una posizione angolare o una velocità di rotazione di un albero, è logico che debba presentare in uscita almeno un segnale che, sottointeso, risulta sempre un treno di impulsi rettangolari aventi frequenza f espressa dalla *(3.1)*. In questo caso si parla di encoder **monodirezionale**.

Avendo un solo segnale non è possibile discernere il senso di rotazione dell'albero dell'encoder; infatti sia che questo ruoti in senso orario che antiorario, ad ogni passo elementare viene emesso un singolo impulso.

Per determinare il senso di marcia è necessario disporre di due segnali sfasati tra di loro di 90 °, e cioè, come si usa dire, in quadratura. In questo caso infatti, andando a leggere contemporaneamente entrambi i segnali, è facile capire se si tratta di rotazione oraria (cfr. fig. 21) oppure antioraria (cfr. fig. 22). In questo caso si parla di encoder **bidirezionale**.

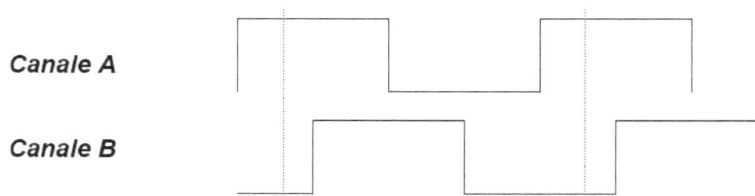

Figura 21: segnale in uscita dall'encoder: verso orario dell'albero motore.

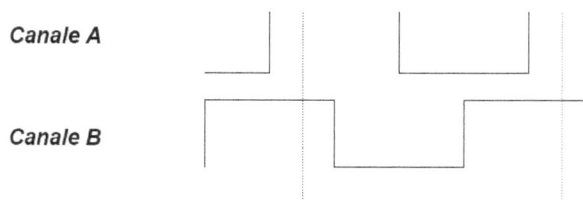

Figura 22: segnale in uscita dall'encoder: verso antiorario dell'albero motore.

L'encoder incrementale, per sua natura, rileva la differenza tra due posizioni successive fornendo un numero di impulsi pari all'incremento avvenuto dalla posizione iniziale a quella finale [9].

Ne discende un'incapacità intrinseca di distinguere valori angolari assoluti: in altre parole a pari numero di impulsi generati possono corrispondere posizioni angolari differenti. Per aiutare in questo senso l'utilizzatore si fornisce un segnale di riferimento tramite il quale è possibile ricavare un'informazione assoluta. Il segnale in questione, fornito in aggiunta ai due canali già menzionati, si denomina sincronismo o canale Zero (CHZ). Il segnale di zero presenta un impulso al giro secondo tre diverse possibilità:

- sincronizzato con il canale A (larghezza 180 ° elettrici);
- sincronizzato con il canale B (larghezza 180 ° elettrici);
- sincronizzato con A&B (larghezza 90 ° elettrici).

La tempistica di sincronizzazione è visualizzata nella fig. 23.

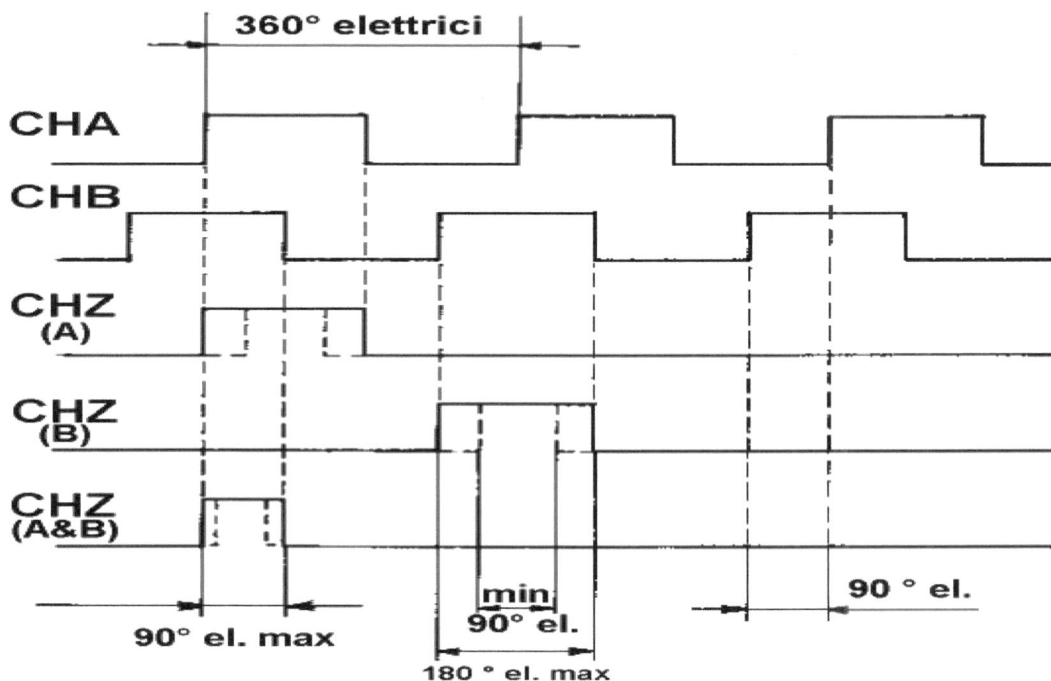

Figura 23: segnali di uscita da un encoder incrementale: rotazione albero antioraria.

3.3 Encoder assoluti

Per quanto concerne il sistema ottico e l'elettronica di uscita sono sostanzialmente simili ai modelli incrementali, la differenza fondamentale si ha nel disegno del disco ed in un modo di trasmissione dei dati detto SSI.

Un encoder assoluto ricorda sempre la posizione dell'albero indipendentemente dal fatto che l'encoder risulti alimentato oppure spento. In altre parole al posto di avere sul disco un semplice reticolo in corrispondenza di ogni canale, si ha una serie di finestre disposte in modo da fornire in uscita all'encoder un codice numerico, oppure analogico, univoco in base all'angolo di rotazione dell'albero stesso. Un esempio di disco è visibile nella fig. 24.

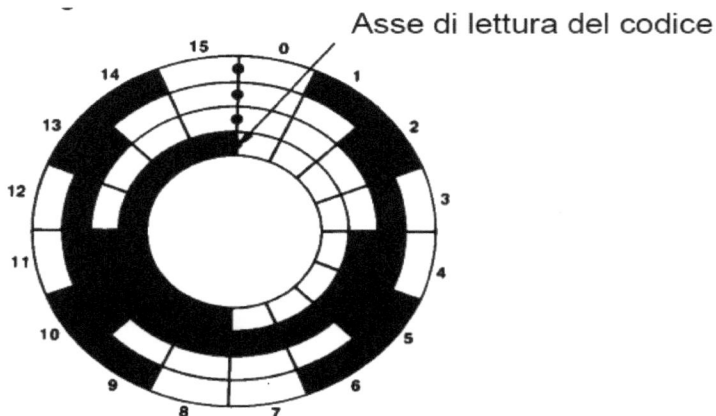

ji disco per encoder assoluto (codice GRAY a 4 bit).

Figura 24: disco di un encoder assoluto.

Per associare ad ogni posizione angolare un valore numerico univoco esistono differenti possibilità, ma tutte quante si basano sul fatto che i segnali rilevati dal sistema di lettura possono assumere solo due livelli "0" ed "1".

In sostanza la disposizione delle finestre consente la formazione di un codice numerico il cui valore dipende strettamente dalla posizione dell'albero.

Questo definisce univocamente un sistema di codifica in base 2 o binario per il quale sono possibili appunto solo due cifre ed in particolare 0 ed 1.

Il primo codice che si potrebbe utilizzare è il codice binario naturale: questo modo di formare il codice sul disco comporta però alcuni problemi in fase di lettura del codice stesso. Tali problemi sono associati alle ambiguità che nascono in corrispondenza dei fronti di commutazione dei bit di codice. Il tutto si comprende osservando che nel codice binario tra due codici adiacenti è possibile che si verifichino cambi di stato in più di un bit.

Poiché il sistema non si può adattare istantaneamente al cambio di stato è possibile che alcuni bit commutino più velocemente di altri raggiungendo prima lo stato finale. In questo caso si creano dei codici intermedi che provocano, senza prendere i dovuti accorgimenti, errori di lettura.

A tale scopo si utilizzano altri tipi di codici che, per la loro natura, prevedono nel passaggio tra codici contigui, il cambio di stato di un solo bit. In questo modo si eliminano le ambiguità di lettura sopra descritte rendendo il sistema più stabile. Uno tra questi tipi di codici è rappresentato dal codice Gray [9].

CAPITOLO 4

SISTEMA DI ACQUISIZIONE DATI

4.1 Generalità DAQ

L'acquisizione ed il campionamento dei dati è attualmente affidata ad una scheda di acquisizione NI-6023E a 12 bit avente una frequenza massima di campionamento di 800kHz per canale, e di una più recente NI-6111 a 12/16 bit, avente una frequenza massima di campionamento di 5MHz per canale. Le schede prevedono l'acquisizione di 16 canali analogici in diversi range di voltaggio. Tenuto conto degli strumenti utilizzati correntemente, si utilizza un range di uscita del tipo 0-10 Volt.

Inotre le schede sono dotate di 8 canali digitali del tipo TTL compatibile di input e di altri canali di output.

Un sistema DAQ (Data Acquisition cfr. fig. 25) è in grado di generare o misurare segnali fisici reali. Tuttavia, prima che un sistema basato su PC possa misurare un segnale fisico è necessario che il sensore (o trasduttore) converta tale segnale in uno elettrico (di tensione o di corrente).Perciò esistono software che si interfacciano da un lato all'hardware del sistema di acquisizione dati e dall'altro all'ambiente di sviluppo del software mediante librerie di supporto fornite dal produttore dello stesso hardware.

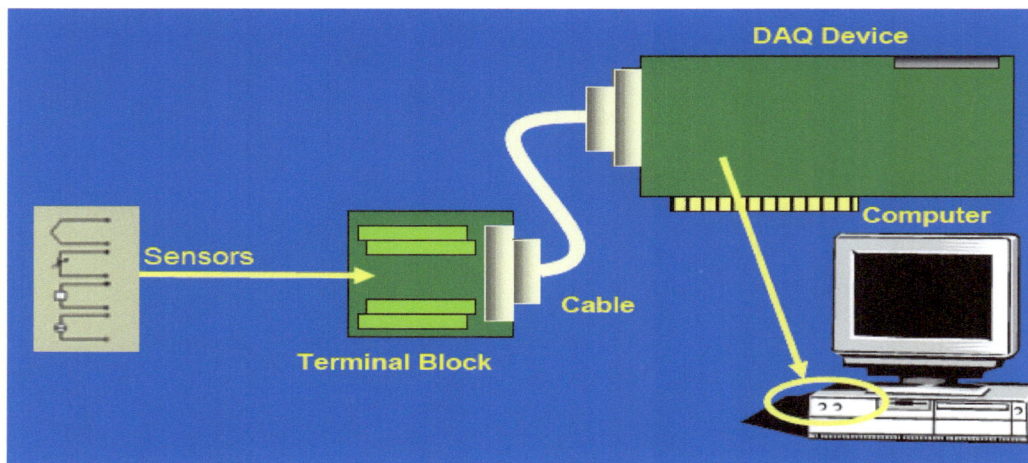

Figura 25: schema tipico di una catena di misura.

I dispositivi DAQ "general purpose " integrano su una sola scheda diverse funzionalità:

- ingressi analogici;

- uscite analogiche;

- I/O digitali e contatori.

Per i segnali analogici (INPUT ANALOGICI) con un dispositivo DAQ esistono diversi fattori che concorrono ad inficiare la qualità dei segnali in uscita: il tipo e la natura del segnale in ingresso, il tipo di ingressi disponibili (MODE), la risoluzione (RESOLUTION), la portata (RANGE), il guadagno (GAIN), la frequenza di campionamento (SAMPLING FREQUENCY) e il rumore (NOISE).

A causa poi di forti variazioni di potenziale e quindi del grado di danneggiamento dell'hardware di acquisizione, è opportuno adoperare dei dispositivi di isolamento in grado di garantire sia la salvaguardia dell'operatore sia quella dei sistemi di acquisizione (molto costosi).

La catena che costituisce un sistema di acquisizione dati è costituita dai seguenti elementi:

1. generazione fisica del segnale;

2. sensore o trasduttore che converta il segnale fisico in un segnale elettrico come una tensione o una corrente;

3. eventuale amplificazione del segnale in uscita dal trasduttore;

4. scheda di acquisizione dati che converte il segnale analogico in ingresso in un segnale digitale;

5. computer dotato di software dedicato che controlla il sistema di acquisizione dati, analizza i dati acquisiti e presenta i risultati elaborati.

Vi sono casi in cui si preferisce ricorrere ad un modulo di acquisizione dati esterno; il colloquio con il computer remoto avviene tramite porta parallela o porta seriale [5].

I parametri fondamentali che caratterizzano una scheda di acquisizione dati sono la risoluzione della scheda, il range di misura, il guadagno, la frequenza di campionamento.

1. **risoluzione della scheda**: è la capacità, nell'esecuzione di una misura, di rilevare piccole variazioni della grandezza fisica in esame (misurando). Il termine definisce anche il valore numerico che esprime quantitativamente questa capacità;

2. **intervallo di misura o range**: riguarda i valori di tensione minimi e massimi consentiti dalla scheda (in genere da 0 a 10 V, o da –5 V a 5 V); questo consente di adattare il range dell'acquisitore al range del segnale, in modo da misurare il segnale con la massima risoluzione possibile;

3. **guadagno**: sta ad indicare una qualunque operazione di amplificazione o di attenuazione del segnale prima che esso venga digitalizzato.

Se ad esempio il segnale in ingresso è compreso tra 0 e 5 V e la scheda di acquisizione ha un range che varia tra 0 e 10 V, occorre amplificare il segnale con un guadagno di 2; in questo modo la scheda, nella conversione A/D, utilizza interamente la sua capacità di risoluzione.

Infatti, si immagini di operare con una scheda di acquisizione con un convertitore a 3 bit (raramente utilizzato): il convertitore divide l'intervallo di misura in 8 sotto-intervalli, ciascuno di ampiezza pari a 1,25 V; pertanto un valore di tensione compreso tra 0 e 1,25 V è associato al numero binario 000 (livello n. 1), un valore di tensione compreso tra 1,25 e 2,5 V è associato al numero binario 001 (livello n.2), ect. (cfr. fig 26).

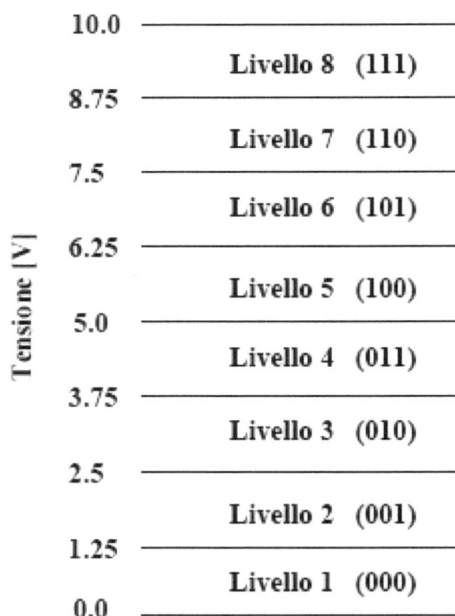

Figura 26: schema di conversione livello tensione numero binario.

Nell'intervallo di misura $0 \div 5$ V il convertitore A/D utilizza solo quattro delle otto sottodivisioni disponibili per effettuare la conversione con una perdita evidente di precisione.

Se, invece, si amplifica il segnale con un guadagno 2 prima di effettuare la digitalizzazione, il convertitore A/D utilizza tutte le 8 sotto-divisioni possibili e la rappresentazione del segnale è conseguentemente più accurata.

Il range di misura, la risoluzione e il guadagno di una scheda DAQ determinano la variazione di tensione minima misurabile, che rappresenta il bit meno significativo del valore digitale, ed è spesso chiamato larghezza del codice (code width). La minima variazione del segnale che può essere rilevata è calcolata come segue:

$$\text{minima var} \, iazione \; del \, segnale = \frac{\text{range di tensione}}{\text{guadagno} \times 2^{\text{risoluzione in bit}}}$$

Per esempio, una scheda DAQ a 12 bit con range in ingresso da 0 a 10 V e un guadagno pari a 1 è in grado di misurare variazioni di 2,4 mV, mentre la stessa scheda con un range in ingresso da -10 V a 10 V misurerebbe solo una variazione di 4,8 mV:

$$\text{minima var} \, iazione \; del \, segnale = \frac{\text{range di tensione}}{\text{guadagno} \times 2^{\text{risoluzione in bit}}}$$

4. **frequenza di campionamento**: è la frequenza con cui ha luogo la conversione A/D. Una frequenza di campionamento elevata consente di ottenere una migliore rappresentazione del segnale originale rispetto ad un frequenza di campionamento inferiore. Tutti i segnali in ingresso devono essere campionati ad una frequenza sufficientemente elevata da rappresentare adeguatamente il segnale analogico.

Una frequenza di campionamento troppo bassa può determinare una rappresentazione scadente del segnale analogico. Questa cattiva rappresentazione del segnale, detta aliasing, fa sì che il segnale sembri avere una frequenza completamente diversa dalla frequenza reale. Vedremo in pratica un esempio di questo tipo.

La figura 27 mostra un segnale campionato in modo adeguato ed uno sotto-campionato con evidente presenza di aliasing.

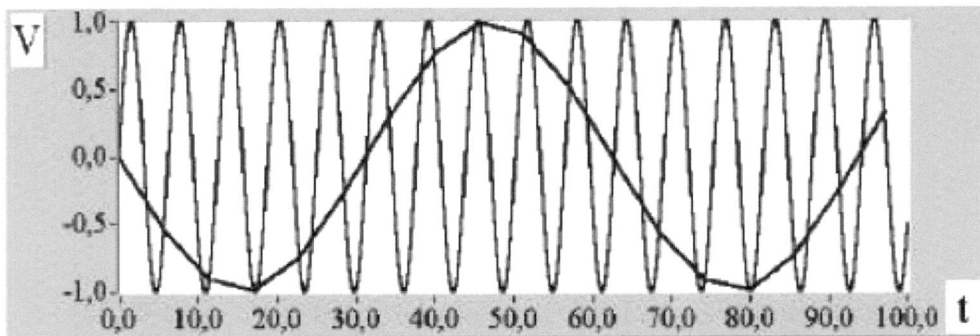

Figura 27: esempio di aliasing: V è l'uscita in Volt dello strumento, t è il tempo in s.

Secondo il Teorema sul Campionamento di Nyquist, per digitalizzare un segnale in modo adeguato è necessario che i campionamenti vengano effettuati come minimo con una frequenza di acquisizione pari a due volte la componente massima in frequenza che si vuole analizzare.

Per esempio, segnali audio convertiti in segnali elettrici tramite microfoni hanno componenti di frequenza che possono raggiungere i 20 kHz; pertanto è necessario effettuare l'acquisizione utilizzando una scheda con frequenza di campionamento superiore a 40 kHz per acquisire il segnale in modo appropriato. Invece i sensori di temperatura non richiedono elevate frequenze di acquisizione perché la temperatura in genere non subisce variazioni rapide; pertanto per effettuare misure di temperatura si può utilizzare una scheda con frequenza di campionamento anche non molto elevata.

5. **filtri per attenuare il rumore**: prima di essere convertito in un segnale digitale, il segnale analogico in generale è soggetto a distorsioni a causa della presenza del rumore, la cui sorgente può avere l'origine più svariata.

Si possono in generale presentare i tre casi seguenti:

· rumore a frequenza molto inferiore alla frequenza del fenomeno che si deve acquisire (tipico il caso dei 50 Hz di rete): in questo caso si può ricorre ad un condizionatore di segnale, a monte del sistema di acquisizione, dotato di un filtro passa alto che lasci passare solo i segnali a frequenza più alta;

· rumore a frequenza molto superiore alla frequenza del fenomeno che si deve acquisire: in questo caso si può ricorre ad un condizionatore di segnale, a monte del sistema di acquisizione, dotato di un filtro passa basso che lasci passare solo i segnali a frequenza più bassa;

· rumore nel campo di frequenza del fenomeno che si deve analizzare; è questo il caso più delicato.

Si può operare come segue: acquisire ad una frequenza molto più elevata della frequenza caratteristica del fenomeno eseguendo un numero di campionamenti superiore al necessario. In questo modo, grazie al sovra-campionamento ogni singolo punto di acquisizione risulta essere la media dei punti acquisiti nel suo intorno: si riduce così il livello del rumore di un fattore

$$\frac{1}{\sqrt{\text{numero dei punto mediati}}}.$$

Per esempio, se si esegue la media su 100 punti, l'effetto del rumore sul segnale è ridotto di un fattore 0,1 (cfr. fig. 28).

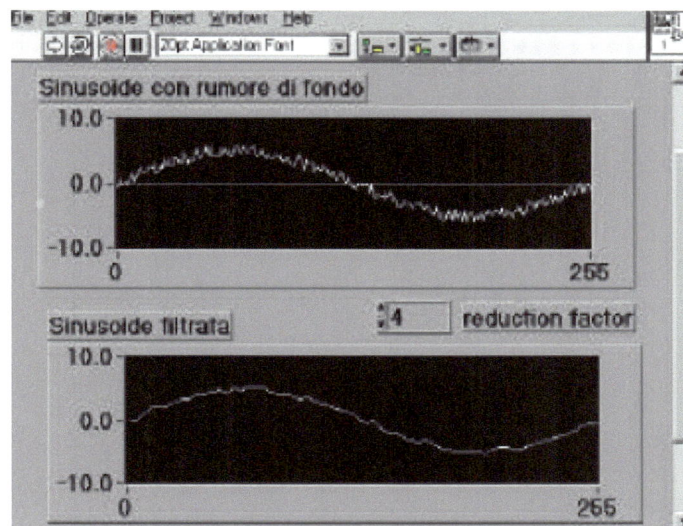

Figura 28: front panel di un codice che filtra un segnale in ingresso.

Come già detto in precedenza, tra il fenomeno fisico da studiare mediante acquisizione dati ed il sistema di acquisizione è sempre interposto un trasduttore che converte la grandezza da acquisire in un segnale di tensione.

Alcune grandezze fisiche sono di tipo assoluto, almeno da un punto di vista ingegneristico: la massa, ad esempio. La tensione è decisamente una grandezza non assoluta; per avere un significato essa richiede di avere sempre un riferimento. La tensione è sempre la misura di una differenza di potenziale tra due punti. Uno di questi due punti è, in genere, assunto come riferimento e gli è assegnato un valore nullo di tensione: quando diciamo che stiamo misurando un segnale di 3,55 V, dobbiamo anche precisare rispetto a che punto stiamo effettuando questa misura. Quando non si specifica tale punto, è sottinteso che si adotta come punto di riferimento la "famosa" terra.

In generale una moderna scheda di acquisizione dati può essere configurata in tre differenti modi:

- **Referenced Single-Ended (RSE)**

In questo caso la misura è fatta rispetto alla terra del sistema; lo schema elettrico è illustrato in figura 29. La maggior parte delle apparecchiature che generano segnali di questo tipo è costituito da generatori di segnali connessi alla rete di alimentazione.

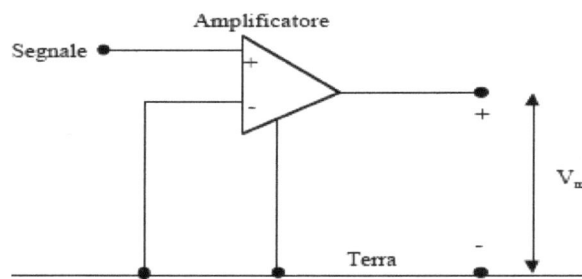

Figura 29: segnale tipo Referenced Single-Ended.

- **Non Referenced Single-Ended (NRSE)**

In questo caso il polo comune del segnale non coincide con la terra del sistema di acquisizione; lo schema elettrico è illustrato in figura 30. La maggior parte delle apparecchiature che generano segnali di questo tipo è costituito da trasformatori, batterie.

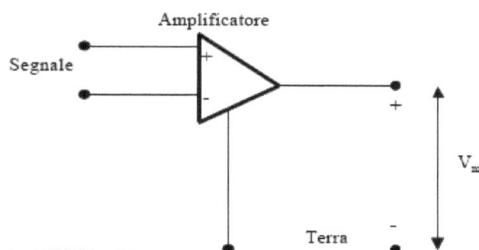

Figura 30: segnale tipo Non Reference Single-Ended.

Si utilizzano gli ingressi single-ended quando si devono acquisire segnali elevati (superiori a 1 V) ed i cavi che collegano la sorgente del segnale all'hardware non superano i tre metri di lunghezza. E' evidente che un disturbo che si sovrappone al segnale entrando sulla linea che collega il sensore all'amplificatore, si farà risentire sull'intera catena di acquisizione.

- Segnali di tipo Differenziale

Un sistema di misura differenziale (detto anche bilanciato) presenta tre terminali:

a. un terminale che coincide con la terra comune;

b. un terminale al cui capo è presente la differenza di tensione ΔV^+ misurata rispetto a terra;

c. un terminale al cui capo è presente la differenza di tensione ΔV^+ invertita, che chiameremo ΔV^-.

Un semplice sommatore effettua l'operazione $(\Delta V^+ + \Delta V^-) = V^+ - V_G + V_G + V^- = V^+ - V^-$. E' importante sottolineare che un sistema di misura differenziale è praticamente insensibile a quei disturbi che agiscono sulla terra innalzandone o abbassandone il livello di riferimento; infatti l'operazione di somma annulla gli effetti di eventuali variazioni. Lo schema elettrico è illustrato in figura 31 [5].

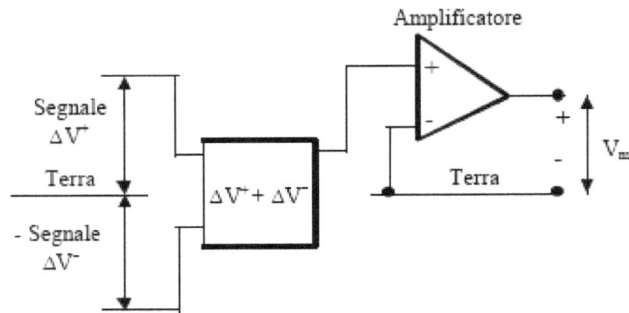

Figura 31: segnale tipo differenziale.

La maggior parte degli amplificatori di rango elevato generano delle tensioni differenziali.

4.2 Sistema hardware di acquisizione

La comunicazione tra la trasmissione idrostatica e il PC di comando avviene tramite un quadro "relè" e un quadro "segnali", alloggiati in opportune scatole di contenimento e protezione poste sulla parte superiore della trasmissione idrostatica.

Il quadro relè contiene 6 relè (con 2 vuoti per eventuali studi in futuro) necessari per la gestione delle parti che compongono l'impianto ossia: *avvio, arresto e variazione del numero di giri del motore primo* di comando; *variazione della cilindrata della pompa* da 0 a 46 cm^3 grazie alla movimentazione di un attuatore lineare; *segnalazione di fine corsa* conseguente interdizione dell'attuatore lineare elettrico; *apertura e chiusura del distributore*. La presenza di una morsettiera consente la ricezione di questi segnali elettrici ai relè, o l'invio alla scheda di acquisizione (del PC di comando) in caso di arrivo a fine corsa, con due cavi multipolari (denominati CAVO 1 e CAVO 3) collegati alla scheda di acquisizione dati digitale attraverso due TERMINAL BLOCK (cfr. fig. 32).

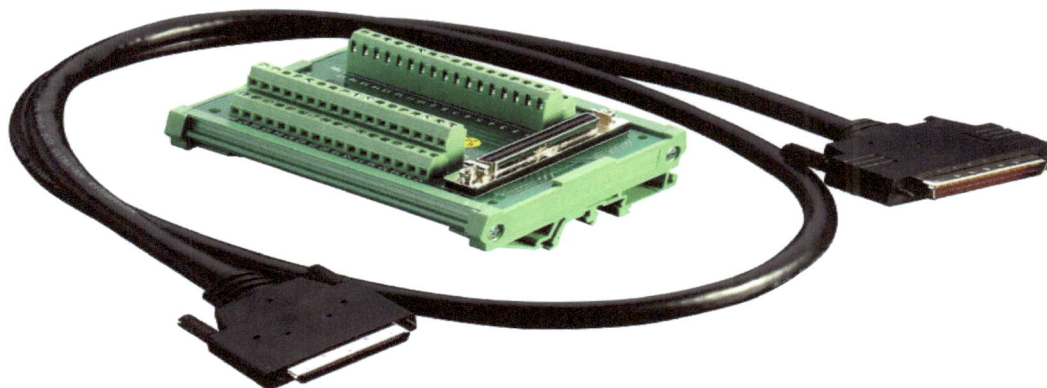

Figura 32: esempio tipico di un Terminal Block con cavo di collegamento alla scheda PCI di acquisizione montata su PC.

Il quadro segnali, invece, contiene al suo interno una morsettiera cui fanno capo i terminali di due cavi multipolari (CAVO 2 e CAVO 4) per l'acquisizione dei segnali delle grandezze fisiche necessarie per la valutazione delle prestazioni dell'impianto, ossia: *velocità angolare del motore primo di comando* (e quindi della pompa), *velocità del motore idraulico, segnali in uscita dagli encoder incrementali calettati sul motore idraulico e sulla pompa, coppia del motore idraulico,* misurata per mezzo di una cella di carico posta sul freno calettato all'albero motore in questione; *pressioni sul circuito di potenza*, in particolare: aspirazione e mandata del motore idraulico, ingresso e uscita del distributore. I terminali dei cavi multipolari 2 e 4 sono collegati ovviamente coi TERMINAL BLOCK delle schede di acquisizione dati analogiche NI-6023 e NI-6111, rispettivamente.

In figura 33 è possibile osservare la presenza dei vari collegamenti atti all'acquisizione dei vari parametri di funzionamento della trasmissione idrostatica con caselle dello stesso colore del quale sono rivestiti i fili stessi di collegamento tra strumento di misura e terminal block.

Per effettuare le misure in transitorio di velocità del motore idraulico, si è reso necessario l'utilizzo di una delle più recenti schede di acquisizione dati, la NI-6111 della National Instruments; essa, infatti, permette di avere a disposizione una frequenza di campionamento molto elevata [5 MHz per canale], il che consente di ottenere misure dettagliate per fenomeni, come il transitorio, che avvengono in tempi dell'ordine dei "ms" [5].

Data la presenza della nuova scheda di acquisizione NI-6111 si è reso necessario allestire un secondo terminal block per il collegamento dei fili provenienti dall'encoder del motore idraulico al sistema di acquisizione. Lo schema raffigurante il collegamento degli unici 2 fili necessari all'acquisizione dei due segnali in uscita dall'encoder del motore idraulico è rappresentato in figura 34.

Essi sono relativi al CANALE A e al CANALE B dell'encoder incrementale RS-256 calettato sull'albero del motore idraulico, indicati sinteticamente come Encd. M.I. (A) ed Encd. M.I. (B).

I collegamenti di massa, importanti ai fini del corretto riferimento rispetto allo 0, che è la terra, sono relativi proprio ai CANALE A e CANALE B dell'encoder RS-256.

Basetta Analogica (cavo 2 + cavo 4)

	Label	Signal	Pin	Pin	Signal	Label	
		ACH8	34	68	ACH0	Trasd Prs A	(orange)
(orange)	Trasd. Prs T	ACH1	33	67	AIGND		
		AIGND	32	66	ACH9		
		ACH10	31	65	ACH2	Pickup M.P	(dark blue)
(brown)	Encd. M.I (A)	ACH3	30	64	AIGND		
		AIGND	29	63	ACH11		
(blue)	Encd. Cil.	ACH4	28	62	AISENSE		
		AIGND	27	61	ACH12		
(dark green)	Encd. M.I (B)	ACH13	26	60	ACH5	Coppia M.I	(white)
(green)	Trasd. Prs P	ACH6	25	59	AIGND	Massa M.I	(orange)
		AIGND	24	58	ACH14		
		ACH15	23	57	ACH7	Trasd Prs B	(yellow)
		DAC0OUT	22	56	AIGND		
		DAC1OUT	21	55	AOGND		
		EXTREF	20	54	AOGND		
		DIO4	19	53	DGND		
		DGND	18	52	DIO0		
		DIO1	17	51	DIO5		
		DIO6	16	50	DGND		
		DGND	15	49	DIO2		
		+5V	14	48	DIO7		
		DGND	13	47	DIO3		
		DGND	12	46	SCANCLK		
		PFI0/TRG1	11	45	EXTSTRB		
		PFI1/TRG2	10	44	DGND		
		DGND	9	43	PFI2/CNV		
		+5V	8	42	PFI3/GPC_		
		DGND	7	41	PFI4/GPC_		
		PFI5/UPD	6	40	GPC_OUT		
		PFI6/WFT	5	39	DGND		
		DGND	4	38	PFI7/STS		
		PFI19/GPC	3	37	PFI/8/GPC_		
		GPC_OUT	2	36	DGND		
		FREQ_OUT	1	35	DGND		

Figura 33: schematizzazione del Terminal Block di input della scheda di acquisizione analogica NI-6023.

Basetta Analogica (cavo 4)

		AI 0-	34	68	AI 0+	
■	Encd. M.I (B)	AI 1+	33	67	AI 0 GND	
		AI 1 GND	32	66	AI 1-	Massa (B) ■
		AI 2-	31	65	AI 2+	
■	Encd. M.I (A)	AI 3+	30	64	AI 2 GND	
		AI 3 GND	29	63	AI 3-	Massa (A) ■
		NC	28	62	NC	
		NC	27	61	NC	
		NC	26	60	NC	
		NC	25	59	NC	
		NC	24	58	NC	
		NC	23	57	NC	
		AO 0	22	56	NC	
		AO 1	21	55	AO GND	
		NC	20	54	AO GND	
		P0.4	19	53	D GND	
		D GND	18	52	P0.0	
		P0.1	17	51	P0.5	
		P0.6	16	50	D GND	
		D GND	15	49	P0.2	
		+5V	14	48	P0.7	
		D GND	13	47	P0.3	
		DGND	12	46	AIHOLDCO	
		AISTARTRG	11	45	EXTSTROB	
		AIREFTRG	10	44	DGND	
		DGND	9	43	AICONVCL	
		+5V	8	42	CTR1SOUR	
		DGND	7	41	CTR1GATE	
		AOSAMPCL	6	40	CTR1OUT	
		AOSTARTRI	5	39	DGND	
		DGND	4	38	AISAMPCL	
		CTR 0 GATE	3	37	CTR 0 SOUR	
		CTR 0 OUT	2	36	D GND	
		FREQ OUT	1	35	DGND	

Figura 34: schematizzazione del Terminal Block di input della scheda di acquisizione analogica NI-6111.

4.3 Sistema software di acquisizione

Come software di interfaccia è stato utilizzato LabView, il cui ambiente di programmazione permette di visualizzare e modificare le prestazioni della trasmissione idrostatica.

Tale software permette di realizzare uno strumento virtuale , meglio noto come VI (Virtual Instruments) che consente all'operatore di effettuare operazioni quali *regolazione* (per *variazione della cilindrata della pompa, variazione del numero di giri del motore primo, ect...), accensione e spegnimento del motore primo di comando, variazione del numero di giri del motore idraulico* (cfr. fig. 34).

Un esempio di VI che permette l'acquisizione di un segnale, plottato in un grafico cartesiano, e la visualizzazione della sua ampiezza al trascorrere del tempo, è rappresentato in figura 35. E' il cosiddetto FRONT PANEL.

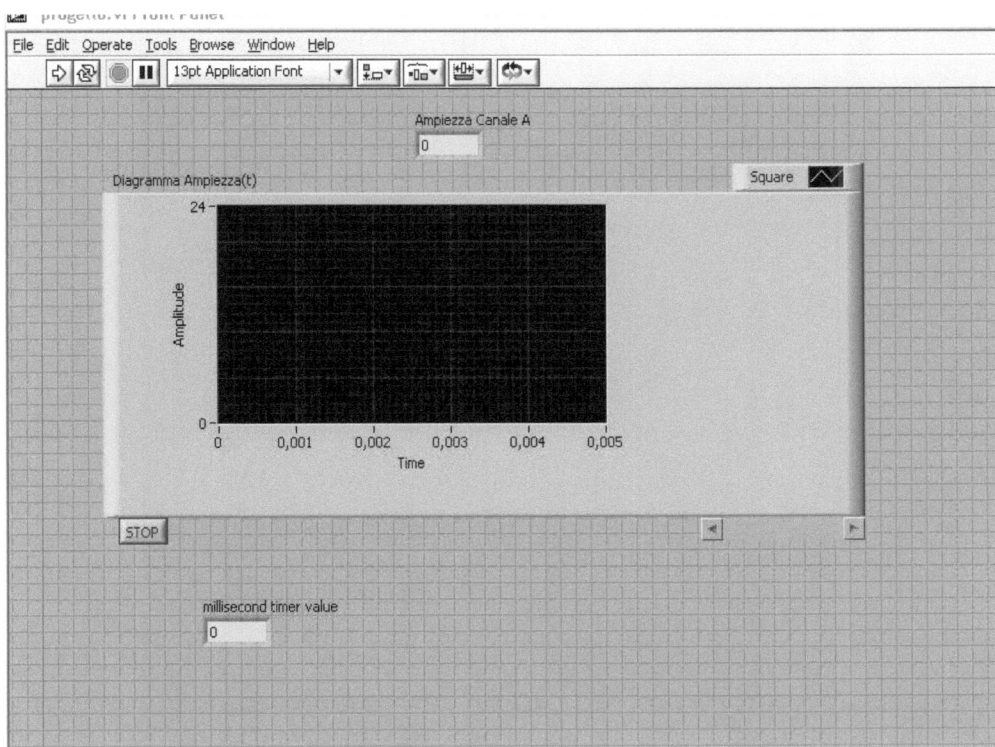

Figura 35: esempio di un generico Front Panel in LabView.

La programmazione viene però svolta nella sua interezza nel BLOCK DIAGRAM che rappresenta il backstage del Front Panel. In figura 35.1 ne viene presentato un esempio:

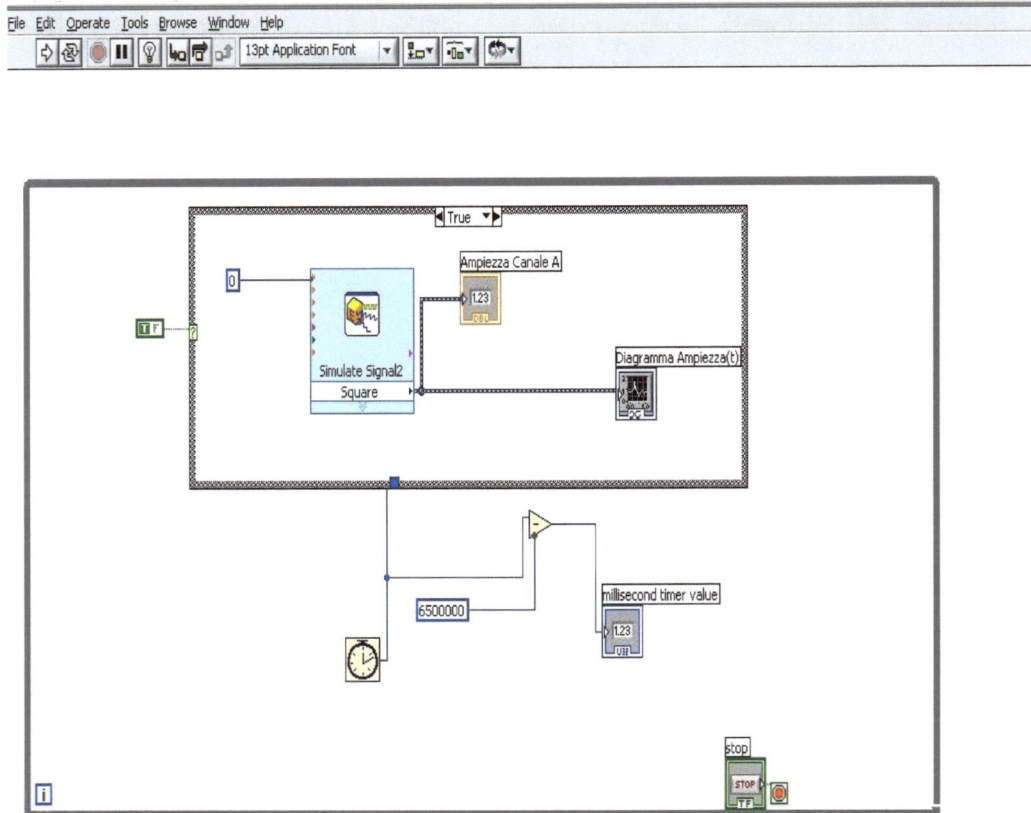

Figura 35.1: esempio del Block Diagram associato al Front Panel precedente.

In definitiva, qualsiasi oggetto rappresentato sul Front Panel rappresenta un tipo di dato, la cui icona corrispondente nel Block Diagram detta TERMINAL, collegata in modo opportuno ad altre icone tramite un filo di collegamento detto WIRE, definisce il programma. Nella figura 35.2 viene presentato il FRONT PANEL del programma che gestisce la trasmissione idrostatica. Rispetto alla versione precedente a tale lavoro, è stata aggiunta una parte dedicata in cui si effettua l'acquisizione dei due segnali in uscita dall'encoder incrementale calettato sull'albero del motore idraulico ad un'opportuna frequenza di campionamento.

Nella casella in basso a destra è possibile decidere sia la frequenza di campionamento opportuna per l'acquisizione dei canali A e B in uscita dall'encoder del motore idraulico sia i canali di riferimento per la scheda analogica NI-6111.

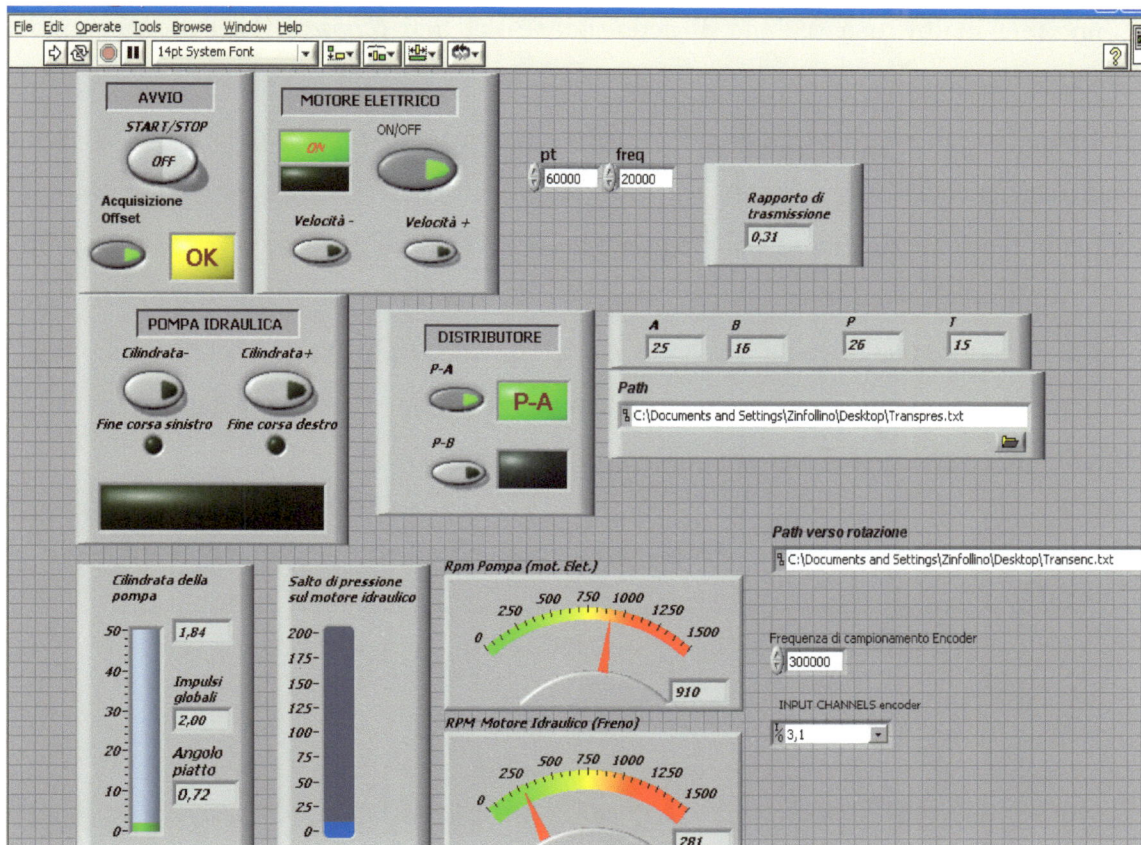

Figura 35.2: Front Panel di gestione dei transitori della trasmissione idrostatica analizzata.

Osservando la figura 35.2 si può notare che l'interfaccia è costituita, nella parte superiore, dai comandi utilizzati dall'operatore per gestire le varie parti della trasmissione: *avvio e arresto del programma effettuato premendo il pulsante start/stop*; *avvio e arresto (on/off) nonché aumento o diminuzione del numero di giri del motore elettrico (velocità +, velocità -)*; *apertura o chiusura del distributore (P→A, P→B)*; *variazione della cilindrata della pompa (cilindrata +, cilindrata -)* visibile sul relativo indicatore *cilindrata della pompa*.

Nella parte inferiore sono invece presenti una serie di indicatori che rendono note le grandezze caratteristiche dell'impianto e le loro variazioni, in modo continuo, durante il funzionamento:

pressioni a monte e a valle del motore idraulico, ingresso e uscita del distributore (rispettivamente A, B, P, T), *perdite di carico nei due rami del circuito di potenza, coppia e numero di giri del motore idraulico, numero di giri della pompa.*

E' presente inoltre una sezione di acquisizione dei dati (*cattura dati*) utile per plottare le grandezze fisiche che abbiamo appena descritto.

La figura 36 mostra una parte del Block Diagram relativo all'acquisizione del segnale in uscita dall'encoder incrementale calettato sull'albero del motore idraulico. Essa è fatta in contemporanea (Real Time Data Acquisition -> RTDA) all'acquisizione dei segnali in uscita dai trasduttori di pressione posti sui rami P, T, A e B della trasmissione idrostatica. Ciò consente, tramite una post-elaborazione in fogli di calcolo di Excel, di plottare, su di un unico diagramma cartesiano, pressioni, velocità, e ampiezza delle rotazioni dell'albero del motore idraulico nel transitorio d'arresto improvviso comandato da console.

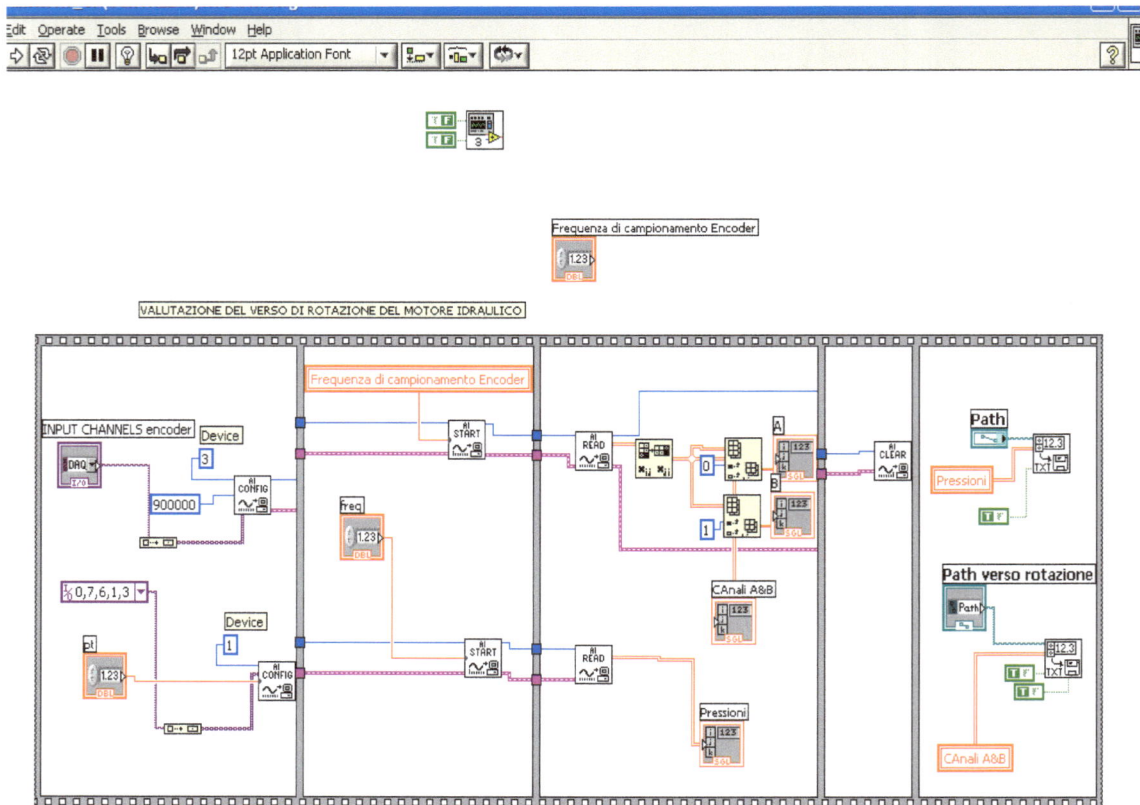

Figura 36: Block Diagram di acquisizione e scrittura dati dei segnali in uscita dall'encoder incrementale calettato sull'albero del motore idraulico.

L'acquisizione in continua di dati (RTDA) trasferisce i dati acquisiti dal buffer del sistema ad un output grafico,o nel caso di frequenze di campionamento elevate, a memorie di massa nel corso stesso dell'acquisizione senza che ciò comporti interruzioni nel processo di acquisizione o perdita di dati. Questo approccio, solitamente, richiede l'uso di uno schema che prende il nome di **buffer circolare**:

• La scheda di acquisizione acquisisce i dati e li trasferisce nel buffer; questo processo di trasferimento è molto veloce in quanto sfrutta i canali DMA (accesso diretto alla memoria) senza coinvolgere in alcun modo l'attività del microprocessore.

In generale una normale periferica (per esempio la tastiera) effettua una chiamata al microprocessore ogni volta che vuole trasferire un'informazione dalla periferia al sistema centrale: questo avviene tramite una chiamata tramite il proprio canale di IRQ, che consiste in un passaggio di stato, cioè in una variazione del livello di tensione, in altre parole un vero e proprio semaforo. Il microprocessore ciclicamente controlla lo stato dei vari IRQ. Se rileva che su un determinato canale c'è una richiesta, il microprocessore la esamina ed esegue la relativa procedura richiesta. Nel caso del DMA tutto questo è bypassato ed i dati sono trasferiti direttamente in memoria RAM.

• E' evidente che dopo un po' di tempo il buffer (cioè l'area di memoria riservata a deposito temporaneo dei dati) si esaurisce. E' necessario allora svuotare il buffer prima che questo sia completamente pieno. Lo schema è quello illustrato in figura 37.

Istante immediatamente precedente l'inizio dell'acquisizione - buffer vuoto

| 1 | 2 | 3 | 4 | 5 | 6 | 7 | 8 | 9 | 10 |

Dopo un secondo - il primo campione acquisito è trasferito nella prima posizione del buffer

Dopo nove secondi - il primi nove campioni acquisiti occupano le prime nove posizioni del buffer

Dopo dodici secondi - il buffer è completamente pieno e le prime due posizioni del buffer sono state sovrascritte dai nuovi dati

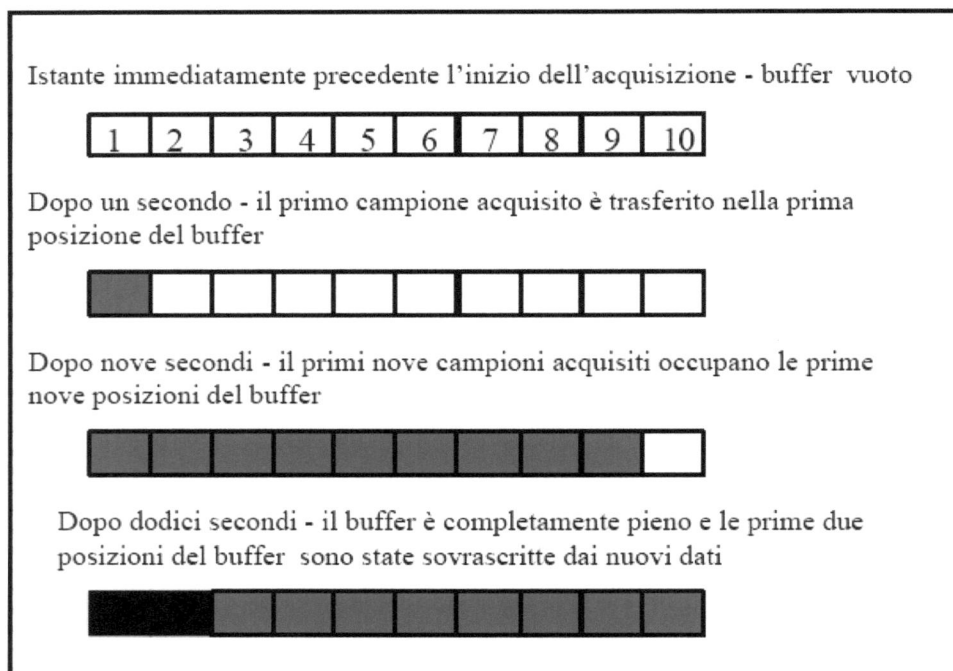

Figura 37: schema della gestione dei dati mediante un buffer circolare

Per poter effettuare un'acquisizione continua è necessario trasferire la prima parte del buffer su memoria di massa. In questo modo si evita la perdita di dati. E' evidente che perché il buffer non si saturi, è necessario che la **velocità del trasferimento dei dati** sulla memoria di massa non sia inferiore alla velocità di acquisizione. In questo caso il collo di bottiglia è rappresentato dal processo di scrittura su hard-disk: innanzitutto è necessario che il processore non esegua contemporaneamente altre operazioni che potrebbero compromettere la continuità nel trasferimento dei dati (ad esempio l'attivazione dello screen saver, lo spostamento del mouse, ecc.) .

Inoltre, nel caso di alte frequenze di acquisizione, è necessario che il formato con cui si trasferiscono i dati sia il più compatto possibile. In questo caso il formato binario è il più conveniente.

Per esempio la scrittura su hard disk di un file di **100 numeri interi ad 8 bit**, cioè 100 numeri compresi tra 0 e 256 (un numero a 8 bit è un numero compreso tra 0 e $2^8=256$) **richiede 100 bytes**, mentre il corrispondente **file ASCII richiede 400 bytes**. Questo è dovuto al fatto che ogni numero intero ad 8 bit in formato binario richiede un solo byte (1 byte = 8 bit) mentre ogni singola cifra di tale numero in formato testo richiede un byte a cui si deve aggiungere un byte per il delimitatore di spazio che separa un numero dall'altro.

E' evidente che ai vantaggi nella alta velocità di scrittura e nella ridotta occupazione di spazio, si contrappone lo svantaggio determinato dall'impossibilità di leggere i file con un comune editor di testo.

Nel nostro programma compaiono quattro nuove icone:

1. **AI Config**: configura l'operazione di input analogico per un set di canali definito ed alloca un buffer nella memoria del computer (cfr. fig 38).

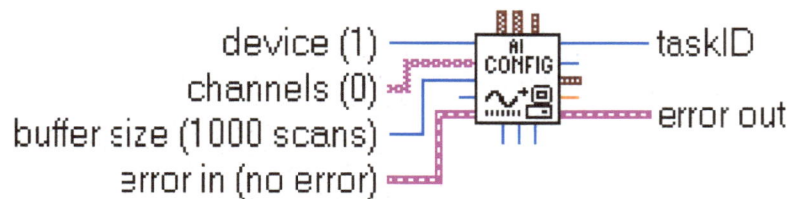

Figura 38: AI Config.vi

Principali parametri in ingresso:

- **device** è un numero intero che viene definito in fase di configurazione della scheda e serve ad identificarla;
- **channels** è una stringa di caratteri che serve a definire i canali che verranno utilizzati per l'acquisizione;
- **buffer size** è un numero intero che definisce la dimensione del buffer in base al numero di scansioni che si intende effettuare ed alloca la memoria necessaria.

Principali parametri in uscita:

- **task ID** è un numero intero, associato al device ed ai canali e serve ad identificarli;
- **Error Out** è un cluster contenente tutte le informazioni sugli errori.

2. **AI Start**: inizia l'acquisizione bufferizzata (cfr. fig 39):

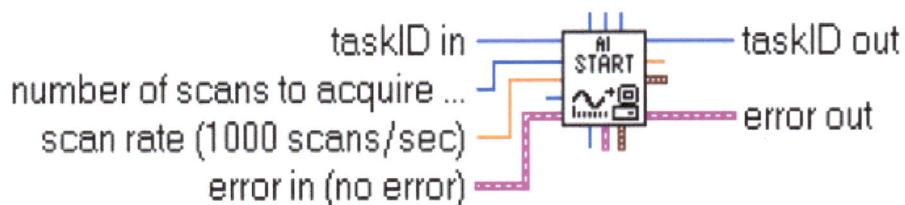

Figura 39: AI Start.vi

Principali parametri in ingresso:

- **task ID** è il numero intero definito in precedenza; poiché esso è un input ed un output per i vari VI che seguono AI Config.VI, si crea una dipendenza sequenziale tra i vari VI che effettuano l'acquisizione garantendo in questo modo una corretta sequenzialità nelle varie fasi del processo di acquisizione;

- **number of scans to acquire** è un numero intero che definisce il numero di scansioni che si intende effettuare per ogni canale. Se si impone che questo parametro valga 0, LabView acquisisce i dati e li trasferisce nel buffer senza interruzione.

- **scan rate** è un numero che definisce la frequenza di acquisizione per ogni canale.

Principali parametri in uscita (entrambi definiti in precedenza):

- **task ID**;
- **error Out**.

3. **AI Read**: legge i dati dal buffer allocato da Ai Config.VI (cfr. fig. 40).

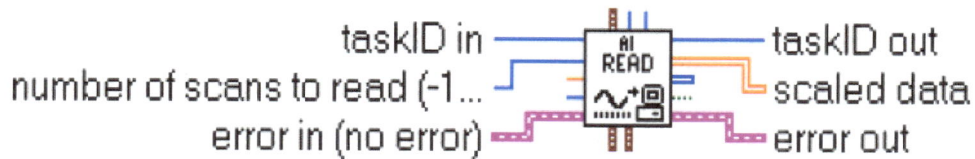

Figura 40: AI Read.vi

Principali parametri in ingresso:

- **task ID** (definito in precedenza);
- **number of scans to read** è un numero intero che definisce il numero di punti che si intende leggere dal buffer.

Principali parametri in uscita:

- **task ID** (definito in precedenza);
- **error Out** (definito in precedenza);
- **scaled Data** è un matrice bidimensionale che contiene i dati letti dal buffer (ogni colonna di dati è associata al corrispondente canale indicato nella Channel list).

4. **AI Clear**: cancella il buffer e disalloca tutte le risorse coinvolte nell'acquisizione. Ponendo a zero il parametro **number of scans to acquire**, il programma effettua una acquisizione continua (cfr. fig. 41).

Figura 41: AI Clear.vi.

CAPITOLO 5
RISULTATI SPERIMENTALI

I risultati sperimentali sono stati ottenuti tarando le due valvole limitatrici di pressione in ANTIPARALLELO al motore idraulico dapprima a 150 bar, poi a 80 bar.

Dopo aver avviato il motore elettrico (e quindi la pompa oleodinamica, essendo questa calettata sullo stesso albero del motore elettrico) tramite l'apposito comando ON (cfr. fig. 34), si fa raggiungere alla pompa un numero di giri pari a circa 1000 rpm.

Raggiunta una fase abbastanza breve di stazionarietà, si commuta il distributore nella posizione di eccitazione A, ossia P -> A, adduzione superiore del motore idraulico.

Ora si cerca di aumentare opportunamente la cilindrata della pompa di modo che il motore idraulico giri ad una velocità pressappoco uguale ai 300 giri al minuto. La pressione si stabilizza ai 25 bar sul ramo di alta pressione e 12 bar su quello di bassa pressione.

Dal Front Panel del programma di gestione dei transitori viene comandata, dopo una fase in cui si fa raggiungere alla trasmissione idrostatica una fase di stazionarietà, la posizione di riposo del distributore. In pratica, deselezionando la posizione di eccitamento A del distributore in tale istante, questi mette a ricircolo l'olio proveniente dalla pompa, escludendo il motore idraulico.

Il motore idraulico, a causa della propria inerzia e a quella del freno, continua a ruotare sebbene non possa smaltire la portata d'olio che rimane in circolo a causa della chiusura del distributore. Esso si comporta quindi come una pompa.

Ne consegue un brusco innalzamento della pressione sul ramo di bassa, attestatosi intorno ai 100 bar, e un'altrettanto repentina discesa della pressione sul ramo di alta, che si attesta a valori paragonabili alla pressione atmosferica.

Secondo la dettagliata descrizione eseguita nel capitolo precedente, le oscillazioni sinusoidali della pressione all'interno dei due rami di ALTA e BASSA pressione arrivano a toccare punte di 100 bar nel primo ciclo. Soltanto dopo 1,10 secondi tali oscillazioni di pressione tendono a smorzarsi definitivamente, a causa dei diversi fenomeni dissipativi che vi intervengono.

In figura 42 è possibile visualizzare l'andamento rilevato sperimentalmente della pressione nei due rami di Alta e Bassa pressione.

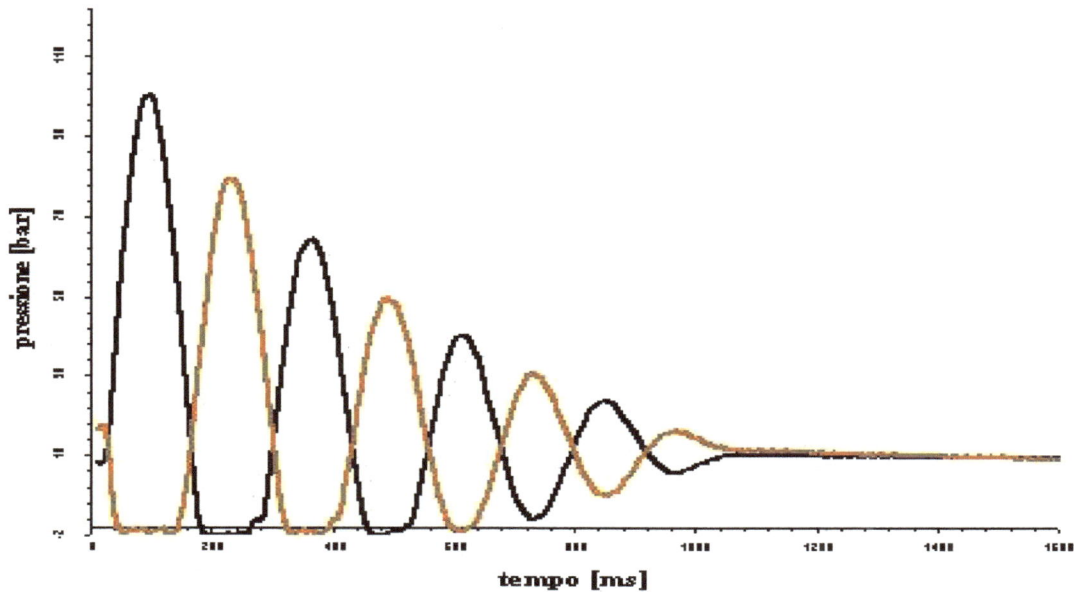

Figura 42: andamento delle pressioni [bar] nei condotti A e B, in funzione del tempo [ms]. Regime di rotazione del motore idraulico pari a 300rpm, lato A del distributore aperto, valvole limitatrici di pressione tarate a 150bar.

E' possibile notare come le sollecitazioni a cui è sottoposto il sistema sono notevoli: si passa dai 12 bar nel ramo di bassa pressione con funzionamento a regime ai 100 bar del primo picco di pressione, mentre nel ramo di alta pressione si passa dai 25 bar con funzionamento a regime ai 85 bar del secondo picco.

E' evidente che se questi pericolosi fenomeni non venissero tenuti in conto durante la fase di progettazione del sistema oleodinamico, essi porterebbero sicuramente a una indesiderata rottura di parte dell'impianto stesso. Un sovradimensionamento sarebbe impensabile visto che, durante il transitorio di tale prova, il sistema supera i 100 bar, a fronte di una pressione di esercizio a stazionario di 25 bar.

Si è valutato, inoltre, l'andamento della velocità del motore idraulico in tale transitorio, nonché quello dello spostamento angolare massimo espresso in gradi sessagesimali. Gli studi sperimentali sono stati effettuati grazie al segnale di uscita proveniente dall'encoder incrementale calettato sull'albero del motore idraulico, costituito essenzialmente da un treno di due onde quadre, rappresentanti i canali A e B dell'encoder stesso, sfasati tra loro di 90°.

Durante le varie inversioni del moto dell'albero del motore idraulico la velocità assume segno discorde con quello precedente, in virtù del fatto che il motore cambia verso di rotazione. Tali inversioni, ovviamente, tendono a smorzarsi, così come accadeva per le pressioni dei due condotti di aspirazione e scarico del motore.

Dalla (3.1), dal Teorema sul campionamento di Nyquist, e dalla velocità angolare a cui è stata condotta la prova in laboratorio (ossia a circa 300 rpm del motore idraulico), è evidente che è necessaria una frequenza di campionamento molto elevata. Per cui solo ora, grazie alla moderna scheda di acquisizione analogica NI-6111 in nostro possesso, si è potuto stabilire una frequenza di campionamento per entrambi i canali A e B dell'encoder incrementale del motore idraulico pari a 300 kHz. La distanza temporale fra due singoli campioni acquisiti sarà l'inverso della frequenza di campionamento adottata. Ciò ci consente di plottare nel tempo le varie grandezze calcolate d'ora in poi [8].

L'encoder incrementale in nostro possesso, avendo un numero di incisioni i sul disco ottico pari a 2500, permette di avere una risoluzione angolare $\Delta\theta$, espressa in $\dfrac{gradi}{impulso}$, pari a :

$$\Delta\theta = \frac{2\pi}{i} = 0,0002513 \text{ rad} \cong 0,1444° \qquad (5.1)$$

Grazie a questo importante dato siamo in grado di effettuare le misure che verranno ampiamente descritte successivamente [5].

La rotazione θ dell'albero del motore idraulico, espressa in [°], può essere ricavata contando gli impulsi "i" dall'istante temporale di riferimento in cui inizia il fenomeno dell'inversione a quello in cui essa termina e moltiplicandoli per la risoluzione angolare $\Delta\theta$ dell'encoder, espressa in $\dfrac{gradi}{impulso}$:

$$\theta = i * \Delta\theta \qquad (5.2)$$

A seconda che la rotazione *(5.2)* sia positiva (secondo un nostro sistema di riferimento fissato a piacere) o negativa, attribuiamo ad essa segno "+" o "-", rispettivamente, per inversione oraria o antioraria subita [5], [2], [8].

In figura 43 è possibile visualizzare l'istante in cui avviene la prima inversione del moto del motore idraulico, ossia a circa 94 ms dall'arresto improvviso comandato da consolle.

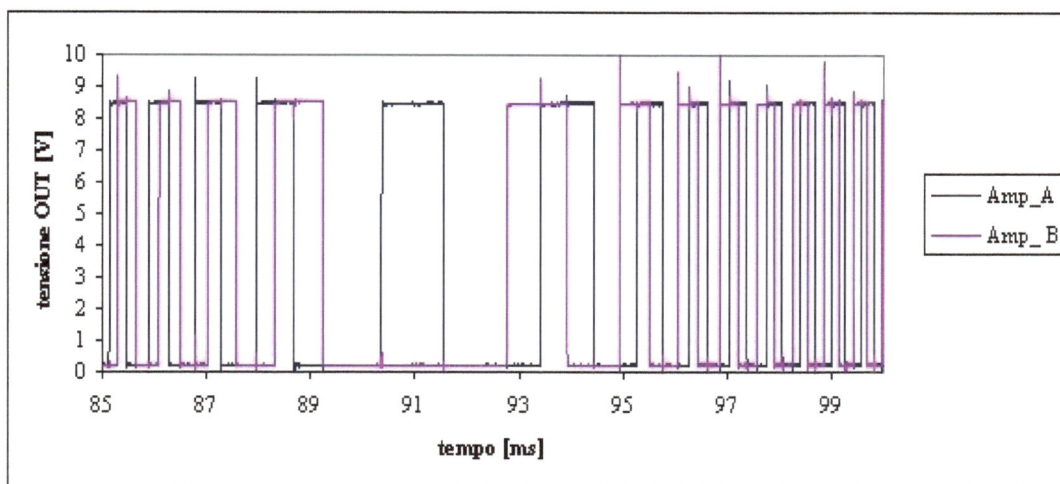

Figura 43: istante della prima inversione del moto del motore idraulico.

Conseguentemente, è possibile osservare una rotazione positiva dell'albero motore pari a circa 111° (cfr. fig. 44).

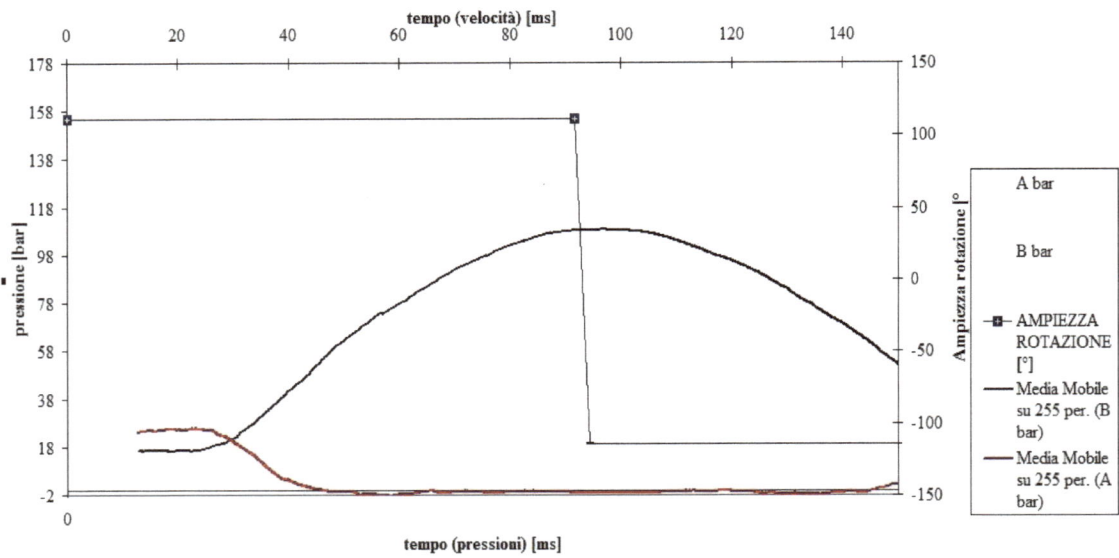

Figura 44: ampiezza angolare subita dal motore idraulico da t=0 a t=96 ms.

In figura 45 è possibile visualizzare l'istante in cui avviene la seconda inversione del moto del motore idraulico, ossia a circa 228 ms dall'inizio dell'acquisizione dati.

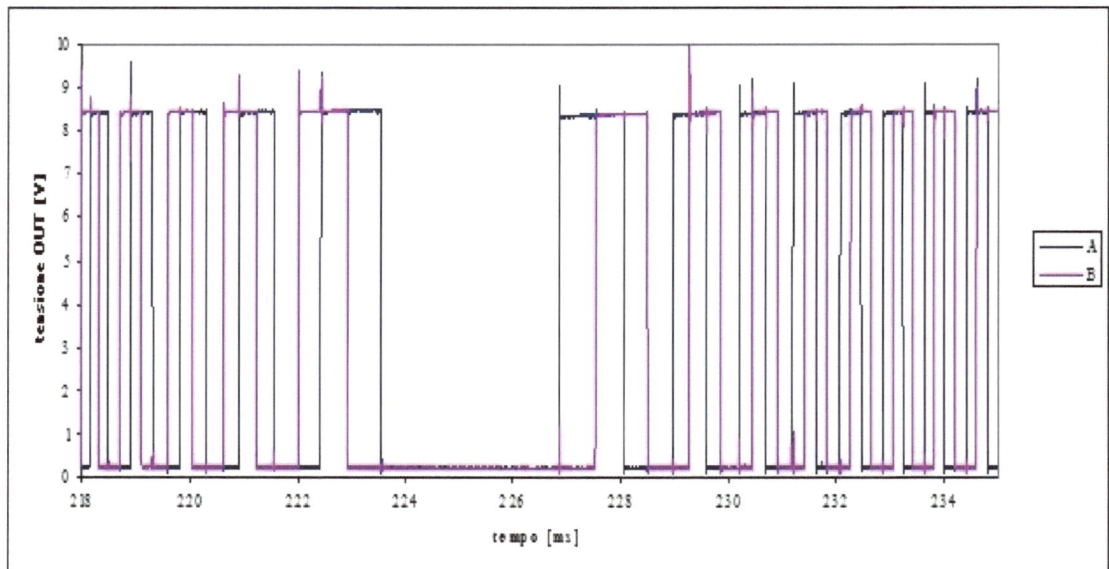

Figura 45: istante della seconda inversione del moto.

Conseguentemente, è possibile osservare una rotazione negativa dell'albero motore pari a circa 114°, (cfr. fig. 46).

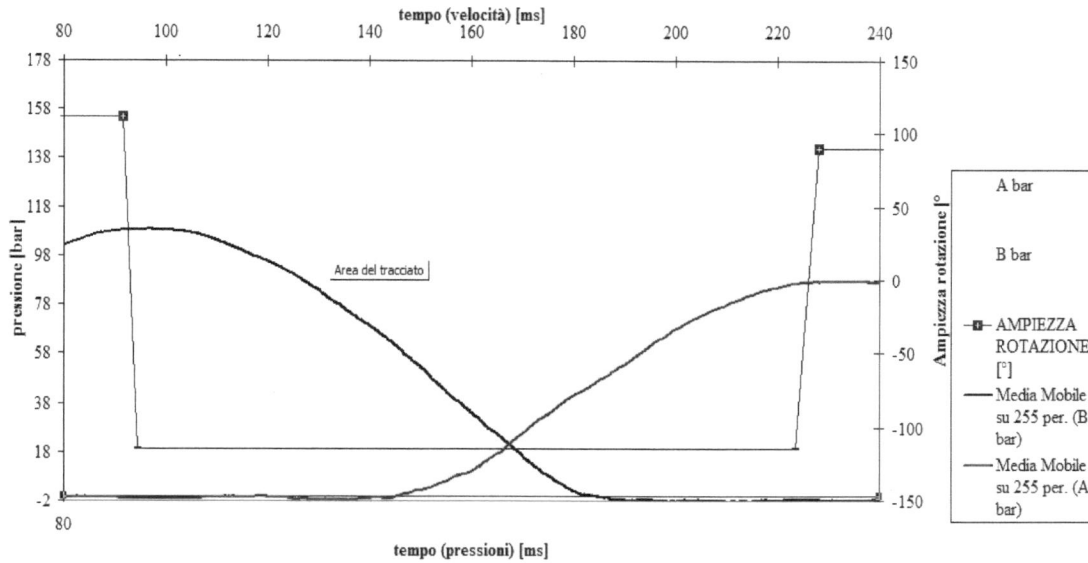

Figura 46: ampiezza angolare subita dal motore idraulico da t=96 ms a t=230ms.

In figura 47 è possibile visualizzare l'istante in cui avviene la terza inversione del moto del motore idraulico, ossia a circa 359 ms dall'inizio dell'acquisizione dati.

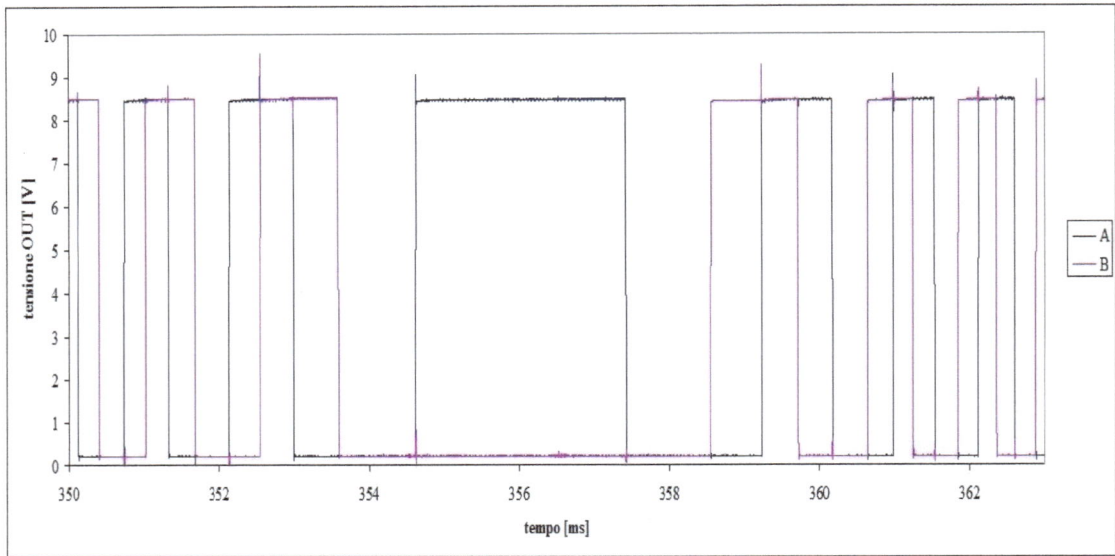

Figura 47: istante della terza inversione del moto.

Conseguentemente, è possibile osservare una rotazione positiva dell'albero motore pari a circa 89° (cfr. fig. 48).

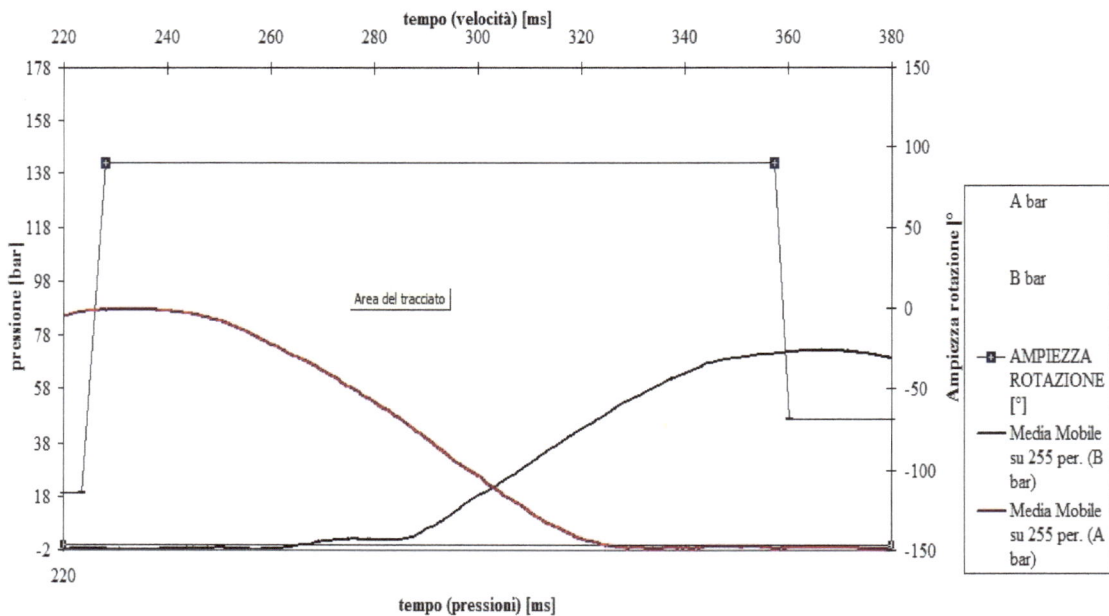

Figura 48: ampiezza angolare subita dal motore idraulico da t=230 ms a t=360ms.

In figura 49 è possibile visualizzare l'istante in cui avviene la quarta inversione del moto del motore idraulico, ossia a circa 484 ms dall'inizio dell'acquisizione dati.

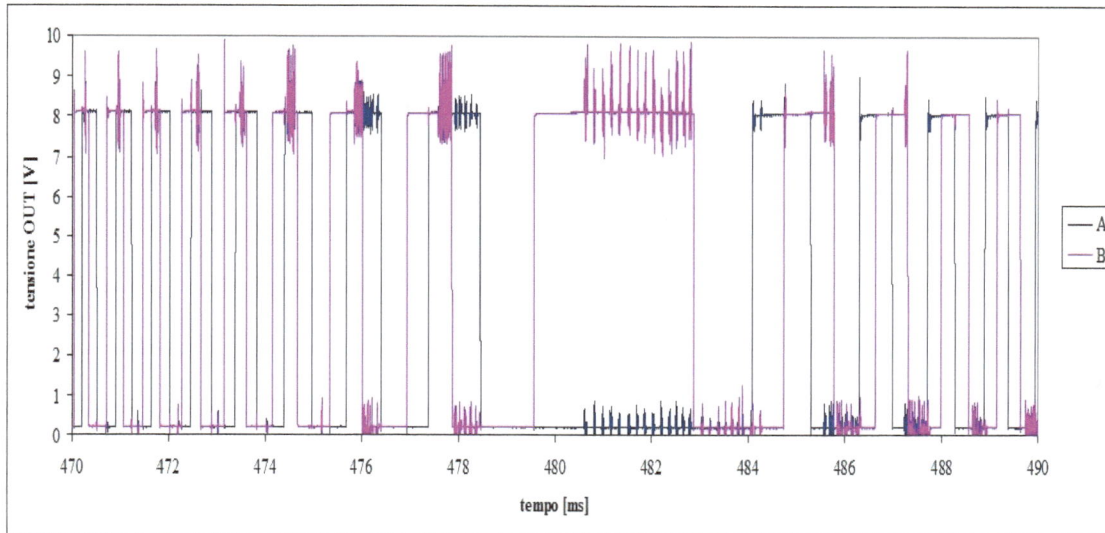

Figura 49: istante della quarta inversione del moto.

Conseguentemente, è possibile osservare una rotazione negativa dell'albero motore pari a circa 68° (cfr. fig. 50).

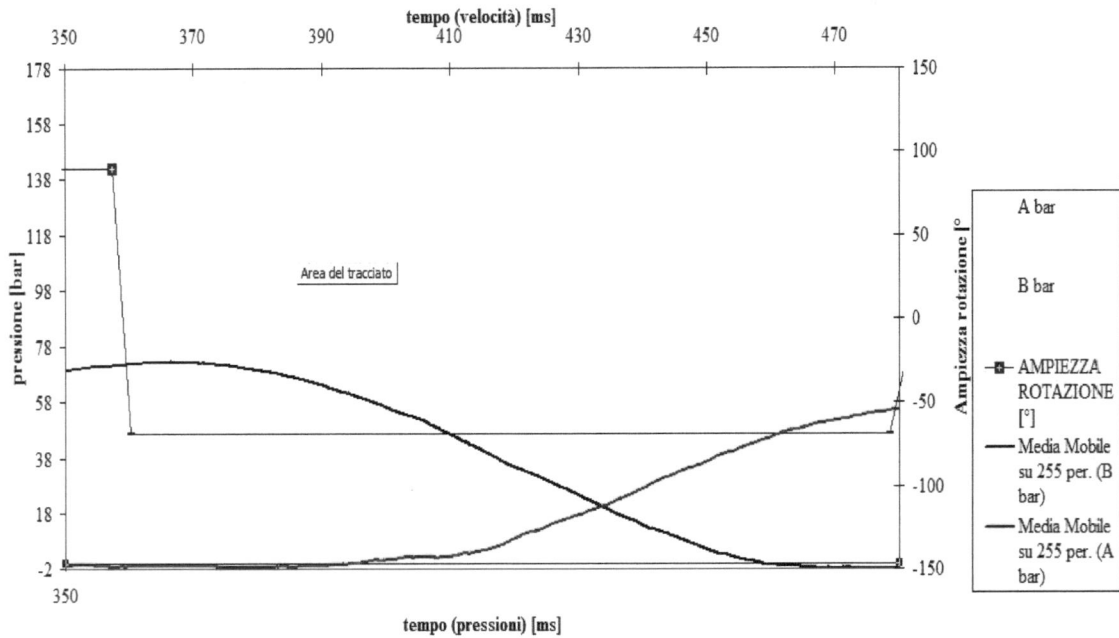

Figura 50: ampiezza angolare subita dal motore idraulico da t=360 ms a t=479ms.

In figura 51 è possibile visualizzare l'istante in cui avviene la quinta inversione del moto del motore idraulico, ossia a circa 604 ms dall'arresto del motore idraulico.

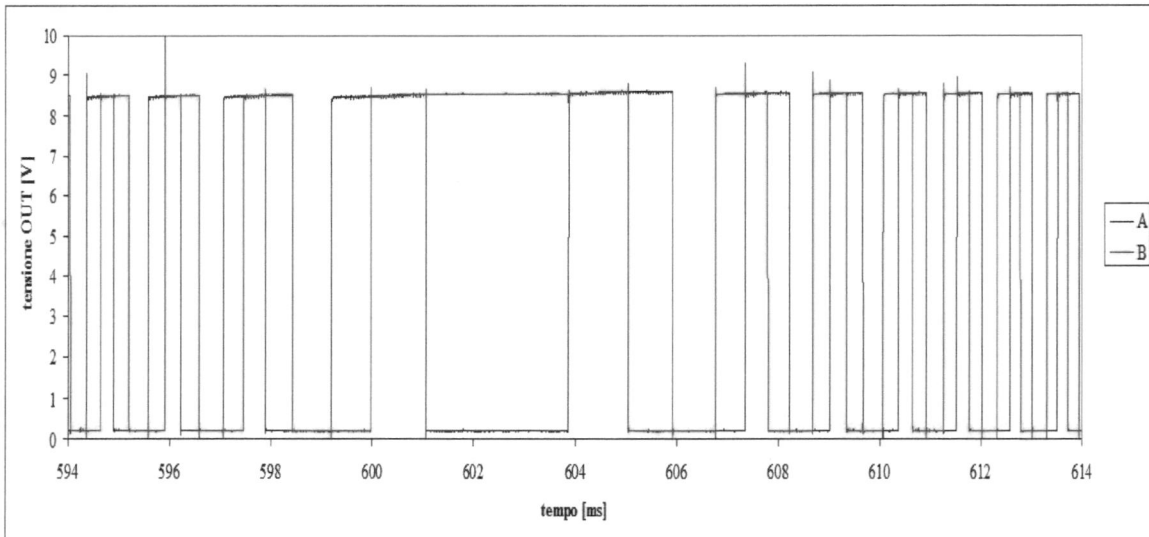

Figura 51: istante della quinta inversione del moto.

Conseguentemente, è possibile osservare una rotazione positiva dell'albero motore pari a circa 51° (cfr. fig. 52).

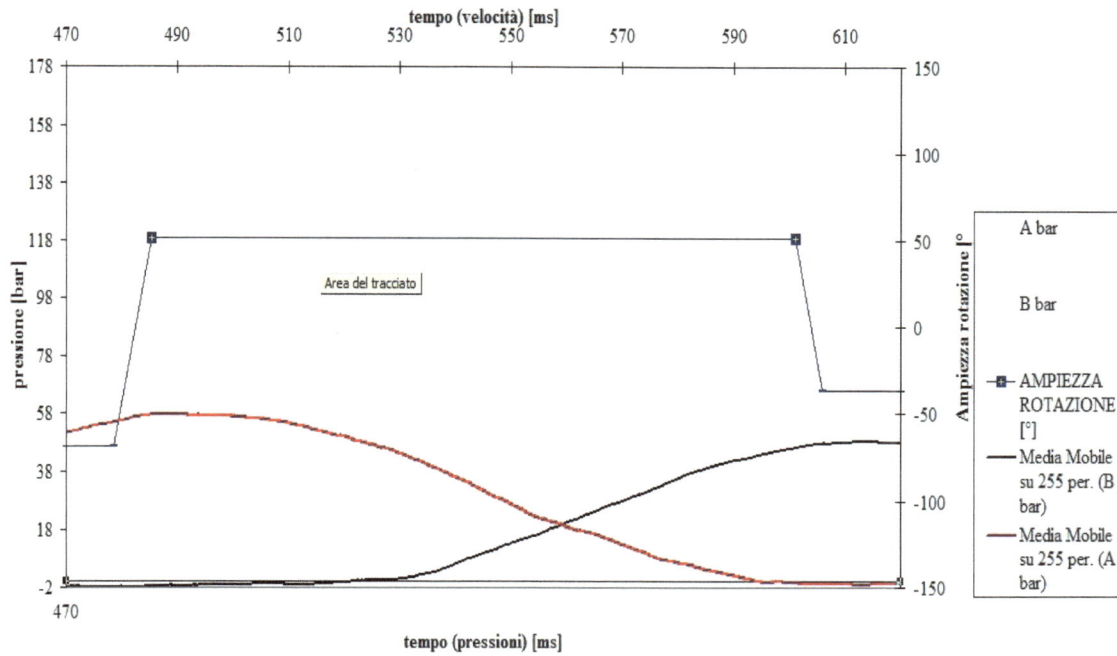

Figura 52: ampiezza angolare subita dal motore idraulico da t=479 ms a t=605ms.

In figura 53 è possibile visualizzare l'istante in cui avviene la sesta inversione del moto del motore idraulico, ossia a circa 722 ms dall'inizio dell'acquisizione dati.

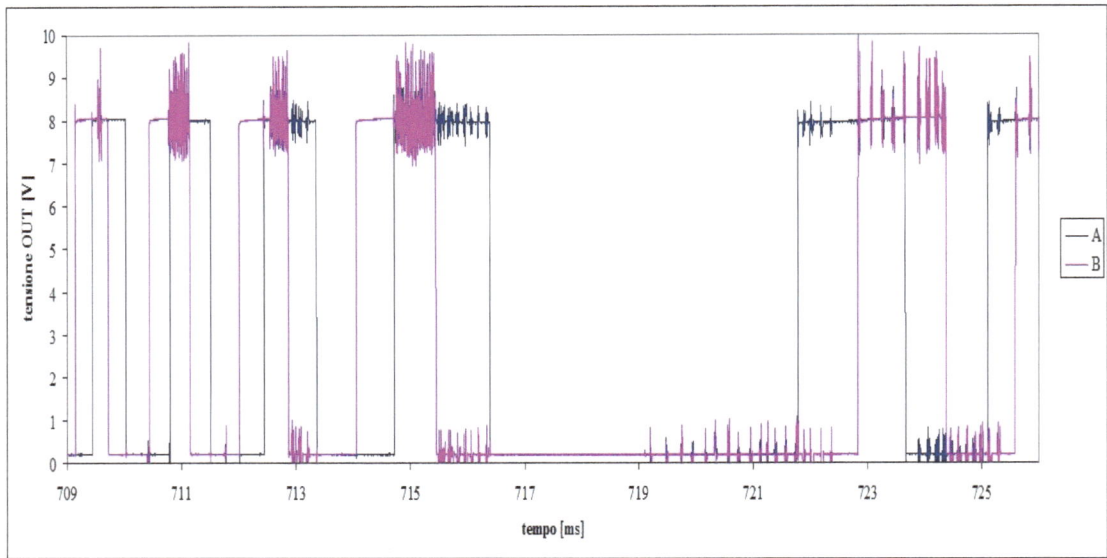

Figura 53: istante della sesta inversione del moto.

Conseguentemente, è possibile osservare una rotazione negativa dell'albero motore pari a circa 37° (cfr. fig. 54).

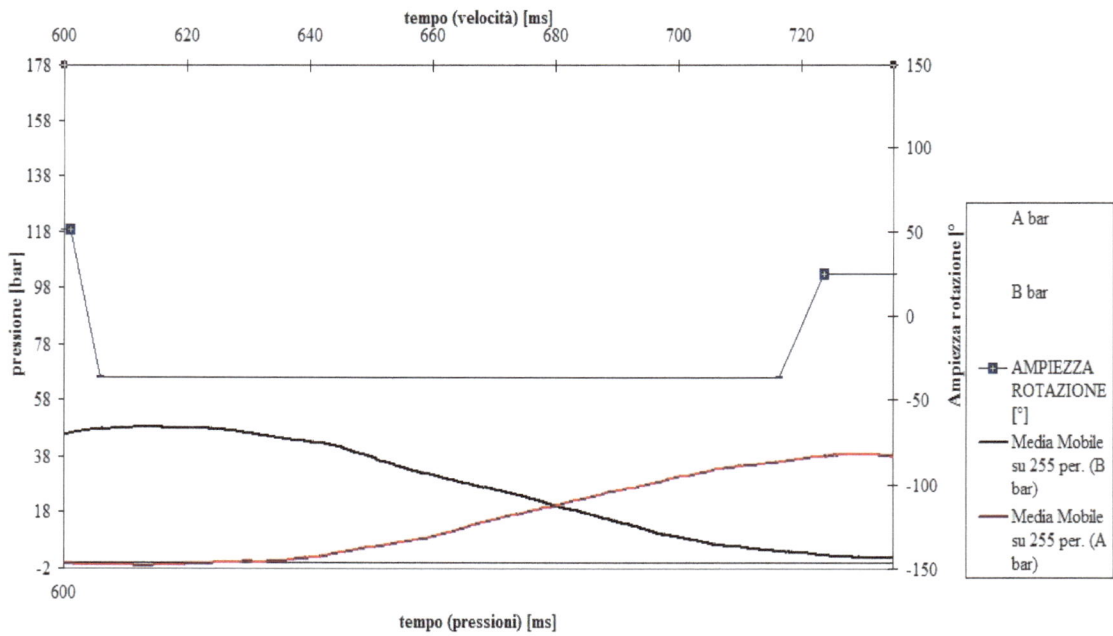

Figura 54: ampiezza angolare subita dal motore idraulico da t=605 ms a t=720ms.

In figura 55 è possibile visualizzare l'istante in cui avviene la settima inversione del moto del motore idraulico, ossia a circa 838 ms dall'inizio dell'acquisizione dati.

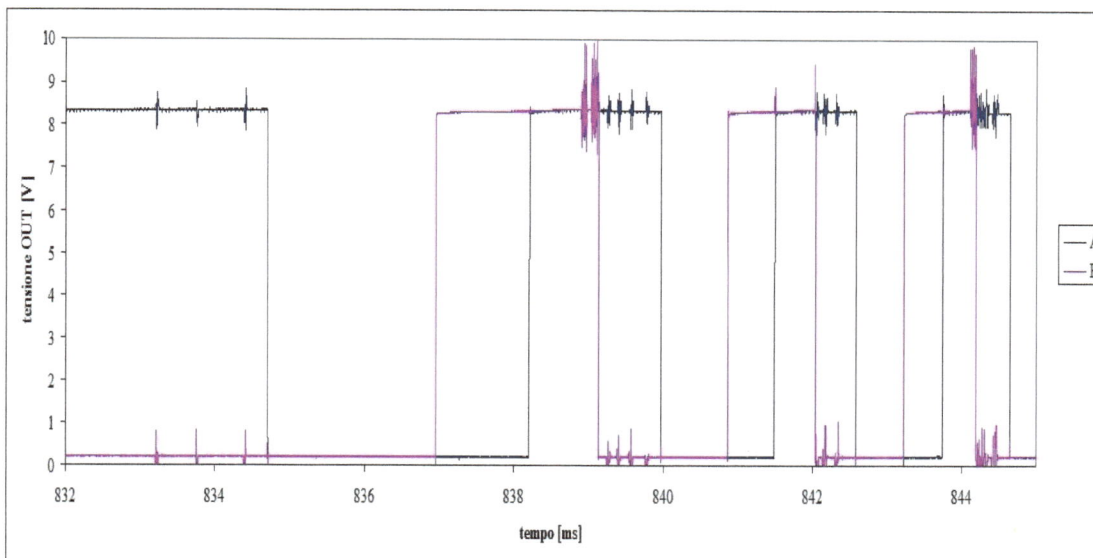

Figura 55: istante della settima inversione del moto.

Conseguentemente, è possibile osservare una rotazione positiva dell'albero motore pari a circa 25° (cfr. fig. 56).

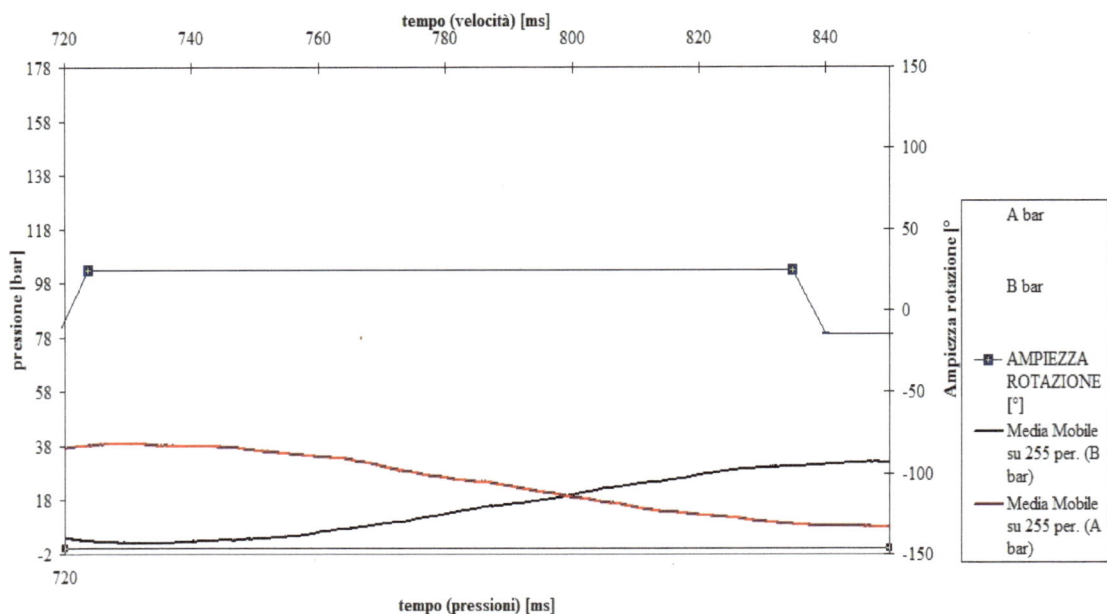

Figura 56: ampiezza angolare subita dal motore idraulico da t=720ms a t=835ms.

In figura 57 è possibile visualizzare l'istante in cui avviene l'ottava inversione del moto del motore idraulico, ossia a circa 948 ms dall'inizio dell'acquisizione dati.

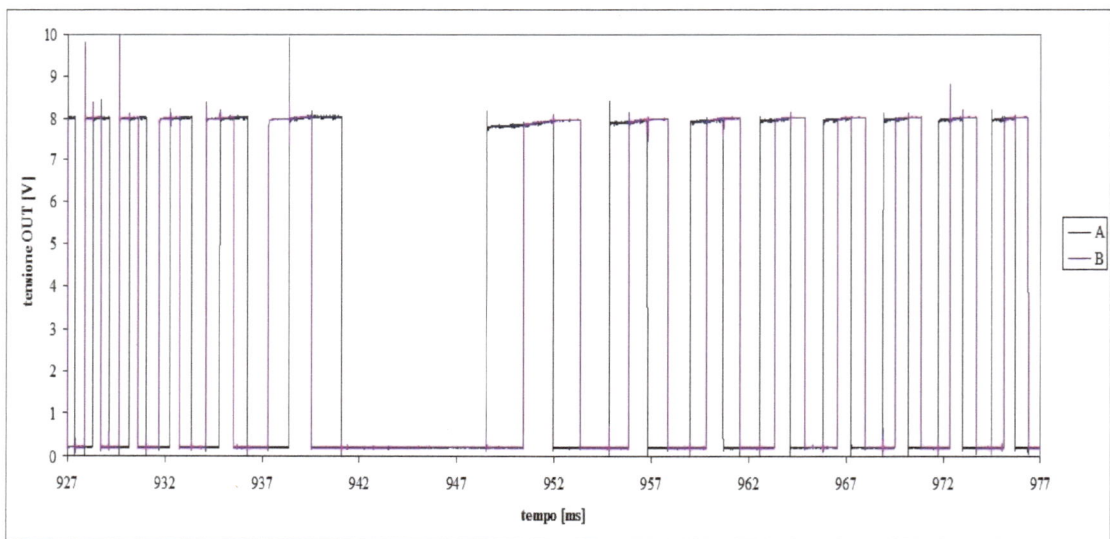

Figura 57: istante della ottava inversione del moto.

Conseguentemente, è possibile osservare una rotazione negativa dell'albero motore pari a circa 14° (cfr. fig. 58).

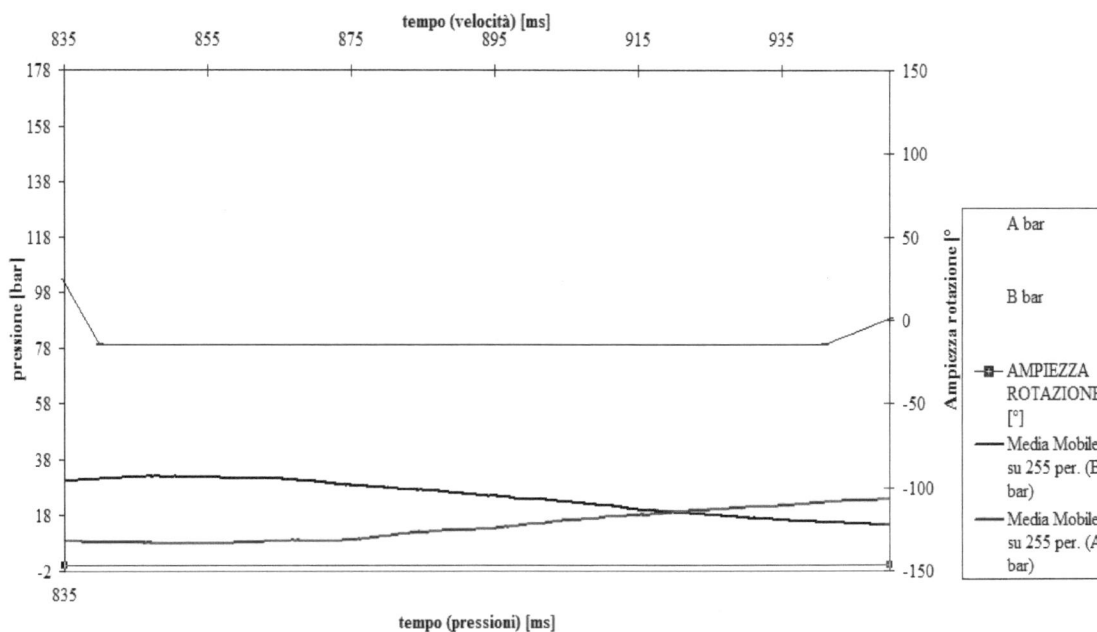

Figura 58: ampiezza angolare subita dal motore idraulico da t=835ms a t=940ms.

In figura 59 è possibile visualizzare l'istante in cui avviene la nona inversione del moto del motore idraulico, ossia a circa 1056 ms dall'inizio dell'acquisizione dati.

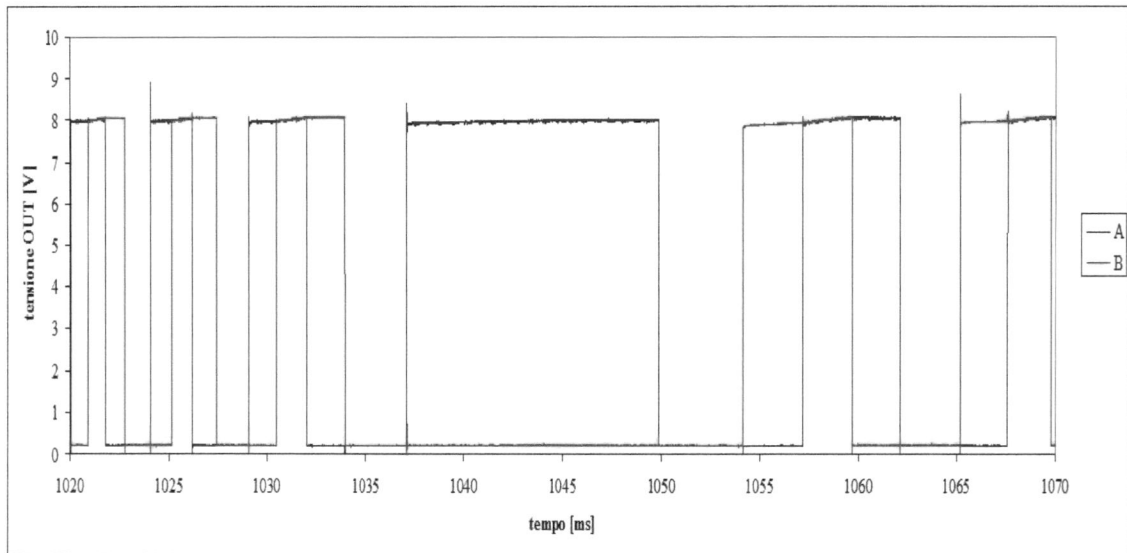

Figura 59: istante della nona inversione del moto.

Conseguentemente, è possibile osservare una rotazione positiva dell'albero motore pari a circa 4° (cfr. fig. 60).

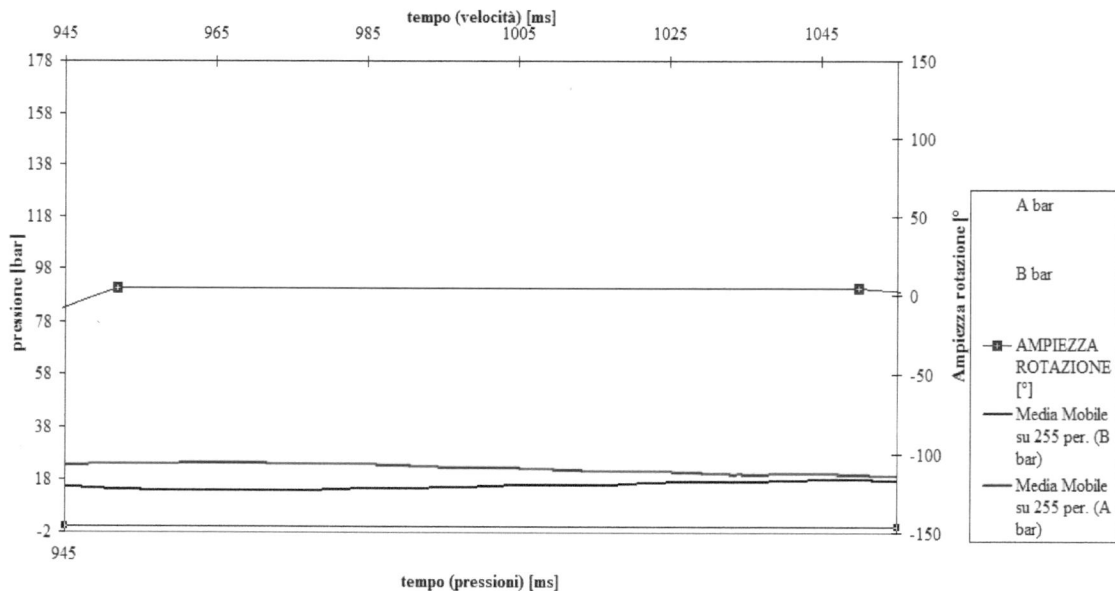

Figura 60: ampiezza angolare subita dal motore idraulico da t=940ms a t=1050ms.

Dai 1100 secondi in poi il motore idraulico può considerarsi oramai fermo, per cui il segnale in uscita dall'encoder incrementale è una linea continua attestatasi ai 0 V, per cui l'ampiezza della rotazione subita dall'albero del motore idraulico è pari a 0 (cfr. fig 61). Le pressioni nei due rami di ALTA e BASSA pressione tendono a smorzarsi definitivamente.

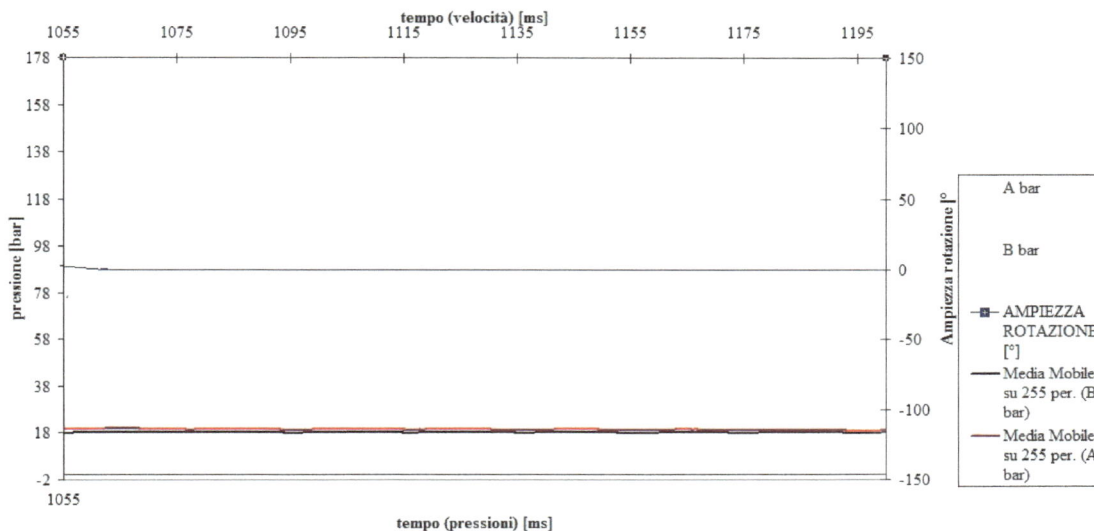

Figura 61: ampiezza angolare subita dal motore idraulico da t=1050ms a t=1200ms.

In figura 62, è riportato il diagramma per l'intera durata del transitorio, dell'ampiezza della rotazione, in [°], subita dall'albero motore idraulico. Le onde quadre al di sopra dell'asse dei tempi esprimono una rotazione positiva, quelle al suo di sotto, una negativa.

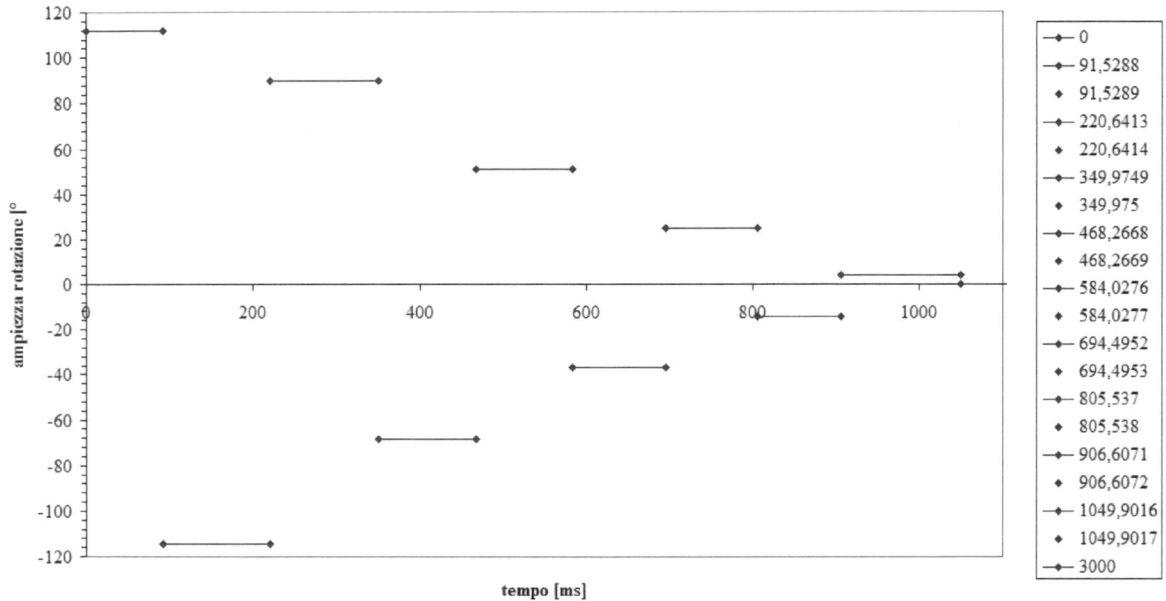

Figura 62: andamento dell'ampiezza rotazione, in [°], subita dall'albero del motore idraulico nell'intero transitorio d'arresto improvviso con valvole limitatrici di pressione tarate a 150bar.

Misurando anche il tempo Δt, espresso in s, fra ciascun picco di onda quadra in uscita dall'encoder è possibile calcolare la velocità angolare $\dot{\theta}$, espressa in $\dfrac{rad}{s}$, di rotazione dell'albero motore secondo la *(5.3)*:

$$\dot{\theta} = \frac{\Delta\theta}{\Delta t} \qquad (5.3)$$

Ricordando che vale sempre la semplice proporzione *(5.4)*:

$$1 \; giro : 360° = x_{rad} : 2\pi \qquad (5.4)$$

dove x_{rad} rappresenta la generica rotazione angolare, espressa in radianti, possiamo esprimere la velocità angolare $\dot{\theta}$ in rpm, ossia rotazioni per minuto primo.

Grazie alla *(5.3)*, possiamo quindi sapere la velocità angolare del motore idraulico e dalla *(5.4)* essere in grado di esprimerla in rpm [5].

In figura 63 è mostrato l'andamento della velocità angolare calcolato sperimentalmente.

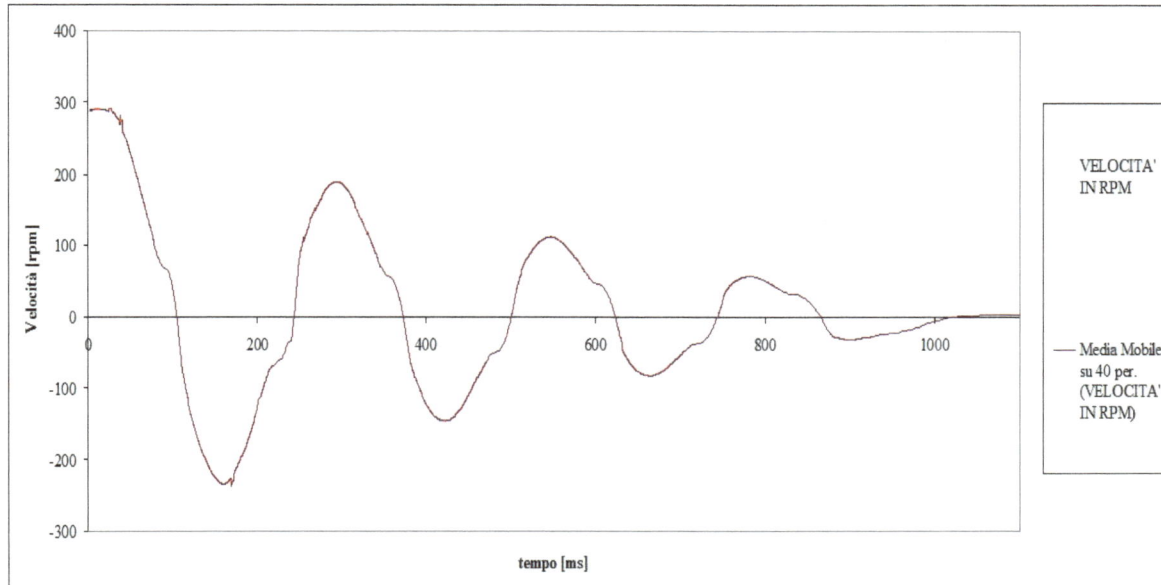

Figura 63: andamento della velocità angolare del motore idraulico, in [rpm], nel transitorio di arresto improvviso con valvole limitatrici di pressione in antiparallelo al motore idraulico tarate a 150bar.

Si può desumere come la velocità angolare parta da un valore pari a circa 300 rpm dalla condizione di regime, successivamente viene arrestato il motore idraulico, con oscillazioni pressoché sinusoidali intorno allo zero per poi smorzarsi totalmente fino ad annullarsi.

Dove la velocità angolare è negativa vorrà significare che l'albero del motore idraulico sta ruotando in verso opposto a quello precedente. I punti di intersezione della curva velocità angolare con l'asse cardinale delle ascisse corrispondono all'incirca ai picchi delle sinusoidi delle pressioni rilevati sperimentalmente, mentre i picchi della curva velocità angolare (sia in valor positivo che negativo) corrispondono ai punti in cui le due curve delle pressioni nei due condotti (ALTA e BASSA pressione) si intersecano. Questi sono infatti, i momenti in cui le pressioni nei suddetti condotti si equivalgono. Ciò detto è illustrato in modo molto chiaro in figura 65. La frequenza della curva velocità angolare dipende fortemente dal salto di pressione che il motore deve smaltire nel transitorio d'arresto improvviso che dura all'incirca 1 secondo. Ovviamente, poiché il salto di pressione da smaltire diminuisce nel tempo, ecco spiegato il motivo per il quale la frequenza (l'inverso del periodo della curva velocità angolare) aumenta fin quando il fenomeno del transitorio cessa.

Le ampiezze espresse in gradi sessagesimali delle singole inversioni vengono illustrate in figura 64, che esprime il valore relativo di rotazione angolare subito dall'albero del motore idraulico nei frangenti temporali quali sono quelli delle inversioni del moto.

TEMPO ms	AMPIEZZA ROTAZIONE [°]
0	111,6566051
91,5288	111,6566051
91,5289	-114,3939929
220,6413	-114,3939929
220,6414	89,75750323
349,9749	89,75750323
349,975	-68,57876651
468,2668	-68,57876651
468,2669	51,00185577
584,0276	51,00185577
584,0277	-36,88269796
694,4952	-36,88269796
694,4953	25,06870877
805,537	25,06870877
805,538	-14,40730389
906,6071	-14,40730389
906,6072	4,034045089
1049,9016	4,034045089
1049,9017	0
3000	0

Figura 64: ampiezze massime delle rotazioni dell'albero del motore idraulico nel transitorio d'arresto.

Possiamo rappresentare in un unico diagramma cartesiano (cfr. fig. 65), con doppie ascisse temporali e doppie ordinate, l'andamento della velocità angolare, in [rpm], e delle pressioni, in [bar], nei due rami di ALTA e BASSA pressione nel transitorio d'arresto del motore idraulico.

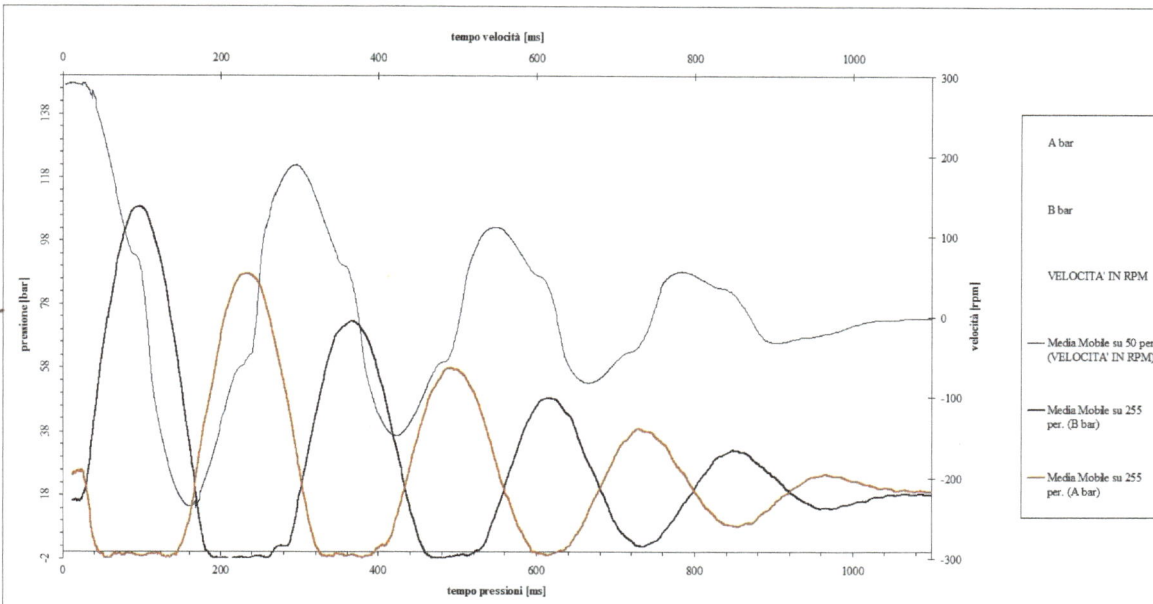

Figura 65: andamento della pressione, in [bar], nei due condotti di ALTA e BASSA pressione e della velocità angolare, in [rpm], del motore idraulico per arresto improvviso a 300rpm, lato A del distributore aperto, valvole limitatrici di pressione tarate a 150bar.

Rappresentiamo, inoltre, in un unico diagramma cartesiano (cfr. fig. 66), l'andamento dell'ampiezza angolare massima, in [°], e delle pressioni, in [bar], nei due rami di ALTA e BASSA pressione nel transitorio d'arresto del motore idraulico.

Dove l'ampiezza angolare massima dell'albero del motore idraulico è negativa vorrà significare che l'albero sta ruotando in verso opposto a quello precedente. I punti di intersezione della curva ampiezza angolare con l'asse cardinale delle ascisse corrispondono all'incirca ai picchi delle sinusoidi delle pressioni rilevati sperimentalmente, mentre i valori massimi della curva ampiezza angolare (sia in valor positivo che negativo) corrispondono ai punti in cui le due curve delle pressioni nei due condotti (ALTA e BASSA pressione) si intersecano. Questi sono infatti, i momenti in cui le pressioni nei suddetti condotti si equivalgono.

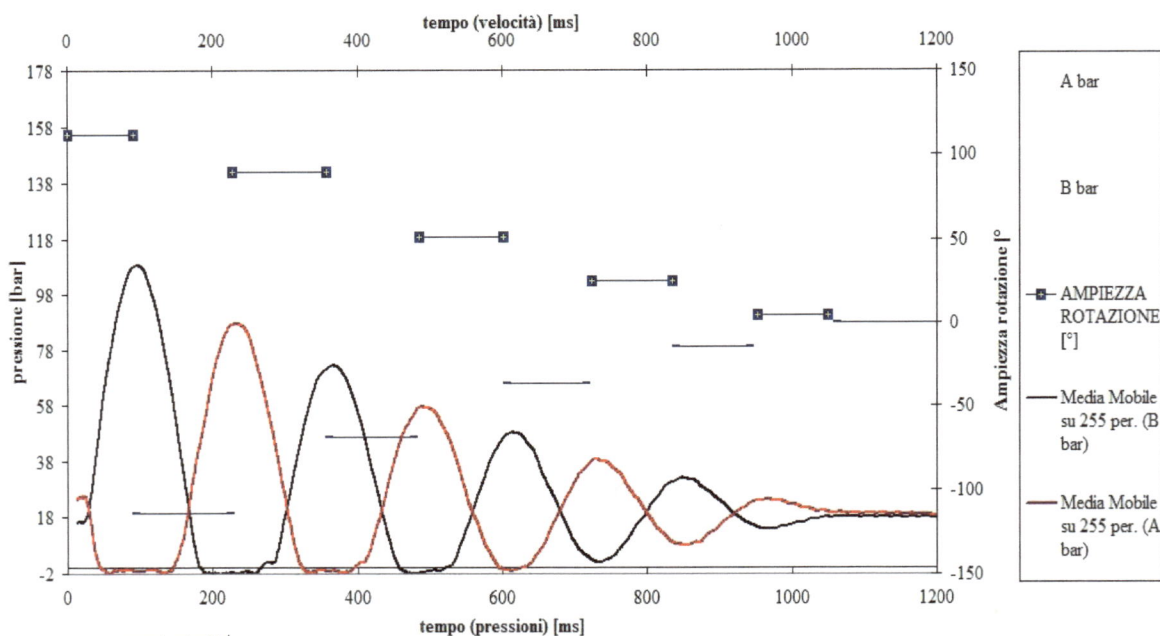

Figura 66: andamento della pressione, in [bar], nei due condotti di ALTA (A) e BASSA (B) pressione e dell'ampiezza angolare massima, in [°], del motore idraulico per arresto improvviso a 300rpm, lato A del distributore aperto, valvole limitatrici di pressione tarate a 150bar.

Ricordiamo che tali risultati sperimentali sono stati ottenuti tarando le due valvole limitatrici di pressione in antiparallelo al motore idraulico ad una valore pari a 150 bar (cfr. fig. 66). E' evidente, infatti, che le pressioni massime di picco raggiunte nei due condotti di ALTA e BASSA pressione superano, almeno nel primo periodo, valori dell'ordine dei 100 bar. Un intervento delle due valvole limitatrici di pressione in antiparallelo al motore idraulico provocherebbe un taglio della pressione massima raggiunta nel transitorio d'arresto. Le inversioni dell'albero del motore idraulico sarebbero minori in quantità, ma maggiori nella prima ampiezza angolare ottenuta nel primo ciclo. Volendo, perciò, esaminare il tutto senza alcuna limitazione della pressione massima raggiungibile nel transitorio d'arresto, imposto dall'intervento delle due valvole limitatrici di pressione suddette, si è cercato iterativamente attraverso il freno a correnti parassite, di aumentare la coppia frenante, a trasmissione idrostatica avviata a stazionario, e osservare sul Front Panel di gestione della trasmissione idrostatica a quale pressione sui rami A e B dell'impianto le valvole limitatrici di pressione intervenissero.

Si è passati, quindi ad agire sul volantino di taratura delle due valvole limitatrici di pressione poste in antiparallelo al motore idraulico, portandole ad un valore di taratura di 150 bar nella prima prova e 80 bar nella seconda.

Vengono ora riportati i risultati della seconda prova sperimentale nel transitorio d'arresto del motore idraulico avendo dapprima tarato le due valvole limitatrici di pressione in antiparallelo al motore a 80 bar. In figura 67 è possibile osservare l'andamento della pressione nei due condotti di ALTA e BASSA pressione della trasmissione idrostatica e contemporaneamente quello della velocità angolare, espressa in rpm.

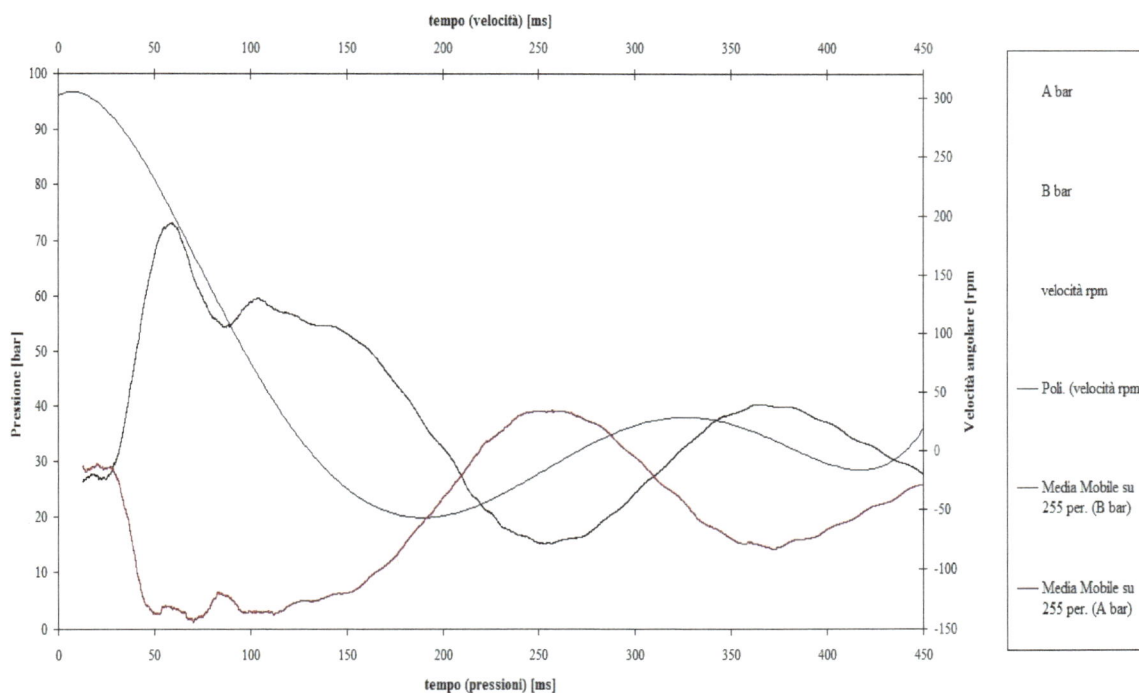

Figura 67: andamento della pressione nei due condotti di ALTA (A) e BASSA (B) pressione e dell'ampiezza angolare del motore idraulico per arresto improvviso a 300rpm, lato A del distributore aperto, valvole limitatrici di pressione tarate a 80bar.

E' evidente dalla figura 67 che, pur essendo le due valvole limitatrici di pressione in antiparallelo al motore idraulico tarate ad una pressione di poco superiore al picco raggiunto nel primo ciclo nel condotto di BASSA pressione, c'è stato comunque un taglio della pressione massima raggiunta nell'impianto. Tipico è il fenomeno di smorzamento quasi istantaneo della pressione nel periodo di tempo che va dai 60 ms ai 150 ms, periodo che evidenzia sbuffi di olio conseguenti al fatto che la pressione non è troppo alta da far aprire la valvola, ma neanche troppo bassa da farla rimanere completamente chiusa. Per questo motivo, le valvole limitatrici di pressione si aprono e si chiudono in un breve intervallo di tempo, ma scaricando comunque olio in serbatoio, e smorzando la pressione di picco nel primo ciclo sul condotto di BASSA intorno ai 60 bar.

Per quanto riguarda, invece, le ampiezze massime di rotazione dell'albero del motore idraulico, in figura 68 ne è riportato l'andamento nel transitorio d'arresto del motore e valvole limitatrici di pressione in ANTIPARALLELO, adesso tarate a 80 bar.

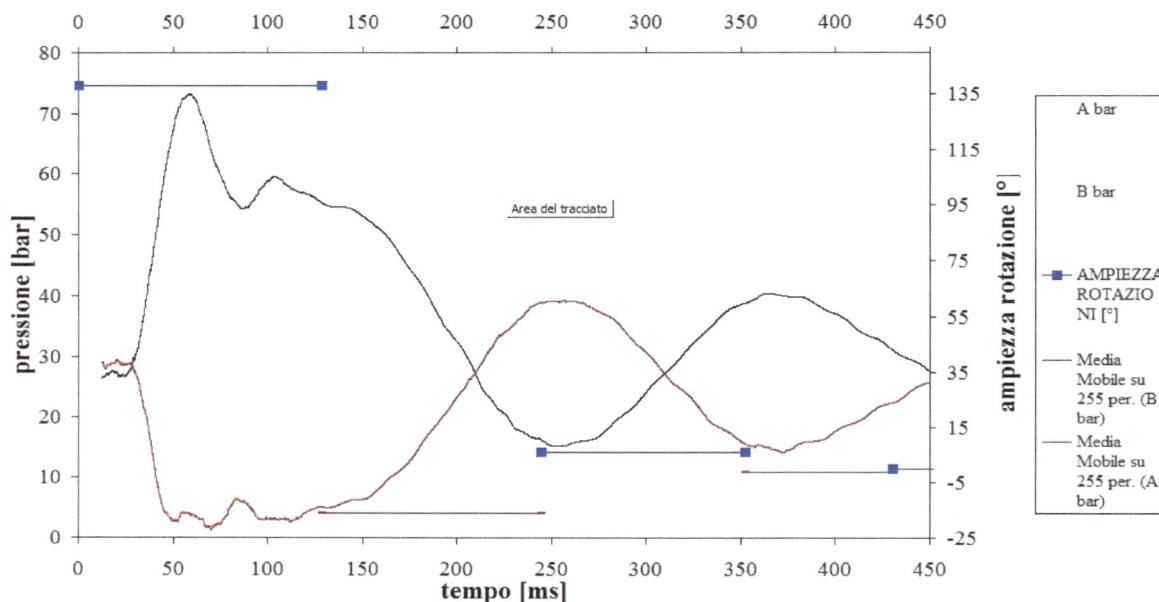

Figura 68: andamento dell'ampiezza massima della rotazione, in [°], e delle pressioni nei due condotti A e B, in [bar], subita dall'albero del motore idraulico nell'intero transitorio d'arresto improvviso con valvole limitatrici di pressione tarate a 80bar.

E' possibile notare come l'ampiezza massima di rotazione dell'albero del motore idraulico nel primo ciclo ottenuta tarando le due valvole limitatrici di pressione in ANTIPARALLELO al motore a 80 bar sia inferiore, in modulo, a quella riscontrata tarando le suddette valvole a 150 bar. Infatti, anche il picco di pressione massimo nel primo ciclo sul condotto di BASSA è superiore nella prima prova rispetto alla seconda. Ciò è dovuto all'azione di taglio della pressione massima raggiungibile nei condotti effettuato dalle due valvole limitatrici di pressione che ha ridotto anche l'ampiezza massima di rotazione dell'albero del motore della seconda prova sperimentale rispetto alla prima.

CONCLUSIONI

Il presente lavoro di tesi è stato condotto nell'ambito del settore oleodinamico con riferimento allo studio dei transitori delle trasmissioni idrostatiche.

Rispetto alle precedenti indagini condotte durante il transitorio d'arresto dei motori idraulici, si è voluto esplorare e misurare il moto dell'albero del motore idraulico, con particolare riferimento alle reali oscillazioni del moto. Nella fase transitoria di arresto, infatti, ai picchi di pressione elevati che si riscontrano nei condotti di alta e bassa pressione, si accompagnano oscillazioni di velocità e di spostamenti angolari molto importanti. Si è voluto, inoltre, valutare come lo spostamento angolare dell'albero motore idraulico sia influenzato dalla presenza di 2 valvole limitatrici di pressione poste in antiparallelo a ridosso del motore idraulico.

Nel presente studio di tipo sperimentale si è modificata l'interfaccia in ambiente LABVIEW ®, che d'ora in poi offrirà la possibilità di acquisire, ad una opportuna frequenza di campionamento, i segnali di uscita dall'encoder incrementale calettato sul motore idraulico. Essi non sono altro che una coppia di treni a onde quadre, sfasati tra loro di 90°, rappresentanti i CANALI A e B dell'encoder stesso. Grazie all'informazione di sfasatura tra le due onde quadre, ricavata sperimentalmente, si è potuta valutare l'ampiezza delle rotazioni e la velocità posseduta dal motore idraulico nel regime transitorio.

E' stata necessaria anche un'attività propedeutica di upgrade dell'impianto elettrico, rappresentata soprattutto dall'introduzione della nuovissima scheda di acquisizione dati analogica NI-6111 della NATIONAL INSTRUMENTS. Data l'estrema rapidità del fenomeno in esame, tale upgrade ha consentito di analizzare nel dettaglio, post-elaborando i dati di output della scheda di acquisizione, i parametri del moto caratterizzanti, quali velocità e spostamenti angolari subiti dall'albero del motore idraulico nel transitorio d'arresto. Il tutto si è poi rapportato al regime delle pressioni riscontrato sperimentalmente nel transitorio.

Le prove sperimentali sono state effettuate per diversi valori di pressione di taratura per le valvole limitatrici di pressione in ANTIPARALLELO al motore idraulico: in particolare, quella a 150 bar e quella a 80 bar sono state ampiamente descritte. Si sono potuti così riscontrare dei picchi di pressione massima ovviamente maggiori nella prima prova che nella seconda, così come valutare e quantificare il numero e l'ampiezza delle oscillazioni di rotazione.

Poichè la fase di post-elaborazione è molto onerosa dal punto di vista della manipolazione dati da effettuare, si individua, come possibile sviluppo futuro, una automatizzazione in ambiente LabView di tale processo di misura; si potrà essere in grado, in tempo reale, di valutare tutte le grandezze del moto finora analizzate.

BIBLIOGRAFIA

[1] Catalano L. A., Napolitano M. : *Elementi di macchine operatrici a fluido-* Pitagora Editrice, Bologna, 1998.

[2] Amirante R., Lippolis A. : *Analisi sperimentale di transitori su trasmissioni idrostatiche-* Atti del VI convegno nazionale A.I.I.A., Ancona 9-12 Settembre 1997.

[3] Amirante R., Lippolis A. : *Analisi di uno scuotitore oleodinamico-* Atti del XXII convegno nazionale ATI, Firenze Settembre 1998.

[4] Narvegna N. : *Oleodinamica e pneumatica- Sistemi* vol. 1- Torino (2000), Politeko.

[5] Vacca G. : *Appunti tratti dalle lezioni del corso di Misure Meccaniche e Termiche 1(&2)* (2008)- Politecnico di Bari.

[6] Lippolis A. : *Appunti tratti dalle lezioni del corso di Oleodinamica* (2008)- Politecnico di Bari.

[7] ATOS s.p.a. : *Catalogo Generale Elettroidraulica-* Atos s.p.a. 1998.

[8] RS Components S.p.A. : *Catalogo degli encoder-* *http://it.rs-online.com/web/256499.html* (consultato il 11/01/2009).

[9] OMRON s.p.a. : *Encoder incrementali e assoluti-* *http://www.omrontrends.it/aarea/pr/pdf/166.pdf* (consultato il 11/01/09).

www.ingramcontent.com/pod-product-compliance
Lightning Source LLC
Chambersburg PA
CBHW041721210326
41598CB00007B/736